電力の自由化と原子力発電

同志社大学名誉教授
森田 章
MORITA AKIRA

幻冬舎MC

電力の自由化と原子力発電

はしがき

電気事業会社は、かつては電気の安定的な供給義務を負うという公益を目的としながら、会社の利益最大化は認められず、国によって認められた料金での収益によって運営される公益事業会社であると考えられ、電気料金の自由競争が排除される地域独占企業として経営されてきた。しかしながら、アメリカにおいて電力の自由化という現象が１９８０年代後半から広がってきた。この議論は、わが国に対しても、エンロンが上陸するなどの動きによって広がりだした。しかし、電力業界を自由化させる場合、コストのかかる原子力発電をどうするのかが大きな課題となっていたので、あまり進展はしなかった。

このような状況下で、東日本大震災が起こり東京電力（以下、「東電」と言う）福島第一原子力発電所において過酷事故が発生した。当時の総理大臣が日本壊滅だと叫んだといわれるくらいの大事故であった。原子力損害賠償法は、過酷事故について原子力発電事業者に無過失責任（絶対責任）を負わせ、損害賠償が支払い能力を超える場合は国が事業者に対して「援助」すると定めている。

この援助を行うために、国は原子力損害賠償支援機構法を制定し、被害者への賠償が開始された。賠償基準は、文科省の下で原子力損害賠償紛争審査会が中間指針を決定した。

東電福島第一原子力発電所の事故は、天災か人災かということが法的にも議論されてきた。被害者住民等からは国の責任を問う訴訟が数多く提起され、人災であるとの主張に対して、これを認めた高裁判決もいくつか存在している。しかしながら、最高裁判所は、国の監督責任について経済産業大臣の任務懈怠はなかったとして、人災ではないことを明らかにした。損害賠償責任については、国の責任を認めず、原子力損害賠償法によって東電が無過失責任を負い、東電に対しては国が「援助」するというスキームを確認するものであった。

ところで、もしも「異常に巨大な天災地変」なら、原子力損害賠償法は東電の絶対責任を解放することになる。しかし、そのようにすると国から被害者への救済の方法が存在しなくなることから、東日本大震災は「異常に巨大な天災地変」ではなかったという解釈がとられ、東電に無過失責任を無限に負わせ、国は東電に対して「援助」するというスキームがとられた。

原子力損害賠償法は、原子力事業者に対して過失の有無を問わずに絶対責任を負担させるが、原発事故当時の政権は、福島原発事故が人災であるとの立場をとった。そして、東電に対しては、経営破綻会社のような扱いで「援助」を行っている。国は、事故当時において東電の債権者等に債務免除を求めたりした。これは実現できなかったが、東電株主に対しては国が種類株を取得して当然のように支配株主となった。今や、国は、業界のリーダーであった東電の支配株主となっている。

そして、このように東電を国有化した国は、懸案の電力自由化を推進させてきた。この電力自由化によって、東電は、公益事業会社としての安定的な電気料金収入を否定されることになり、また東電株主は国に東電の支配権を奪われたことから自らの持分権を著しく希釈化され、さらには利益配当を今なお禁止されている。国は、援助という名目で東電およびその株主の憲法上保護される私有財産権（29条）を侵害している。

　国は、原子力損害賠償法上の「援助」において、東電の支配株主となって東電が損害賠償責任を果たすことを管理監督することにした。これは、原子力損害賠償法の目的に適合しない「援助」であり、東電及び東電株主の財産権の侵害となる。国は、支配株主として財政負担の軽減を優先させ、東電少数株主の利益から損害賠償させるという利益相反行為による「援助」を行ってきた。

　しかしながら、人災説に基づく国の「援助」の在り方は、最高裁判所が、２０２２年に福島原発事故は人災ではなかった旨を判示したことから、根本的な見直しが必要になっている。絶対責任により、天災による災害の損害賠償責任を果たす東電は、なぜ支配権を国に奪われなければならなかったのか。東電および株主は、最高裁判決を手掛かりとして、国に対して支配権の即時返還を求め、憲法違反の財産権侵害に対する自力救済を図ることが考えられる。

もっとも、東電株主代表訴訟により、東京地裁は、最高裁判決の判断とは異なり、２０２２年に東電旧役員４名に対して任務懈怠責任を認め、13兆円余の損害賠償を東電に支払うことを命じた。当時の東電役員らは原子力発電所事故を防止できた蓋然性があるという。事故が生じてからの後知恵で天災を人災だと結論づけており、最高裁判所の判断にも逆らうものである。そもそも、このような判決がなされるのは、わが国の株主代表訴訟制度が硬直的であり、米国およびドイツにおけるより、弊害が大きい制度になっているからである。東京地裁判決は弊害の典型例を示しており、株主代表訴訟制度の改革が急務である。

福島原発事故後の電力自由化は、原子力発電よりも再生可能エネルギーを重視する方向での政策が進行してきたが、新電力が出現してからの価格競争も成功したとはいえないようである。さらには、いまだに「規制料金」の制度が継続されており、その電気料金の値上げが２０２３年６月に決定されたことは記憶に新しい。

他方では、ウクライナ問題が生じるなどして、エネルギー基本指針は、原子力発電への依拠を重視している。原子力発電の再稼働をいうのであれば、原子力発電を推進してきた国は、損害賠償責任の分担を回避してきた「援助」のスキームを直ちに改革し、東日本大震災復興基本法の目的とする復興のための財政において、損害賠償責任を分担し、廃炉だけでなく除染やＡＬＰＳの海洋放出を行うべきである。復興税収入を防衛費に持っていくのは言語道断である。

このことは、東電の株式が、東京証券取引所においてプライム企業として投資家に取引されることにも関係する。東電の企業活動の財政基盤が、福島原発事故の無限の絶対責任とは切り離す「援助」の仕組みによって確立されているかが投資家にとっての重要情報である。また、国営企業となった東電が、電力の自由競争に積極的に向かえる経営の独立性を有しているかどうか、株主に対する利益配当はいつまで妨害されるのかという問題が、未解決のままである。

さらにいえば、電力の自由化が進む中で、原子力発電所を抱える大手電力会社は、新電力などと肩を並べて本当に自由競争ができるのであろうか。公正取引委員会が大手電力に対して独占禁止法を厳しく追及するのは、自由競争を標榜する電力政策の推進のためだと思われるが、大手電力が安定供給の義務から必ずしも解放されていないことを知りながら、独占禁止法違反を厳格に追及することに疑問を持たないのであろうか。原子力発電のコストが競争上どのように位置づけられるのか、公正取引委員会の見解が明らかになることを期待するしかない。

目次

第1部

電力会社のコーポレート・ガバナンス

1、原子力発電と電気料金

福島原発事故の衝撃

東日本大震災からの復興ビジョンを描くため、震災後間もない状況下で、菅直人首相（当時）が発足させた復興構想会議が、２０１１年４月14日に開催され、特別顧問の梅原猛氏が、震災について「私は、文明災だと思う。原発が人間の生活を豊かにし、便利にする。その文明が今裁かれている」と指摘したという。しかしながら、同会議の議長は、原発事故について、復興ビジョンの対象から外す（『朝日新聞』２０１１年４月15日）ということで、政府の原子力発電に対する姿勢と責任体制が先送りされた。

他方、東京電力の株価は、大震災による被害とともに生じた原発事故に伴う天文学的な損害賠償額を負担するリスクの浮上から、大きく急落した。同社は、２０１０年10月に一株の払込金額が１７６７円で合計約４６８６億円の新株発行を行っているが、このような株主は、原発事故により待ったなしの大損害を受けている。

また、当時電力10社の電力債発行残高は、約13・１兆円で、社債市場全体の約2割を占め、東電債は約４・８兆円の残高があった。しかるに、事故後、売買は、ほとんど成立せず、新規発行ができない状態であった。東電は、毎年５０００億円にのぼる社債償還に備えて、事故後に金融機関から2兆円の緊急融資を受けていた。市場では、「政府の東電処理方針が固まるまで本格的な発行は難しい」といわれていた（『朝日新聞』２０１１年4月17日）。

１－１　公益事業会社の財産権の制約と独占料金

電力会社の経営の歴史的展開を概観してみよう。

①私有財産権の制約

米国においていわゆる公益事業会社の会社経営はどうなるのかが古くから議論されてきた。バーリーとドッドが企業の社会的責任について論争を行った（本書42－43頁参照）が、ドッドは、「会社経営者は誰に対して受託者であるか」という１９３２年の論文において、公益事業に関して次のように指摘していた（Merrick Dodd, For Whom Are Corporate Managers Trustees? 45 Harv L. Rev. 1145 1163〈１９３２年〉）。すなわち、公益事業に用いられる私有財産は、限定的な意味においてのみ私有財産である。たとえば、鉄道事業は、適切なサービスを提供し、当局からの要求によりその便益を拡大させ、合理的な料金のみを請求し、そして一定の後援者に特権を付与することにより得られる利益の大きい新ビジネスが可能であってもすべての乗客を同一に扱うこととなる、と指摘していた。つまり、公益事業会社は、私有財産権に制約を受けることとなり、株主利益の最大化の企業活動ができなくなる。

②電力会社の料金決定における株主利益の確保の憲法上の要請

電力事業の担い手はいろいろなものがあるようであるが、株主により所有される電力会社にあっては、電力事業の公共性は、規制等により株主に対する私有財産権の侵害ともなりうるが、そうだとすると憲法上株主に対して財産権を制約することの対価として適切な補償をなさねばならず、それが電力の認可料金の中で考慮されてきたようである。米国の最高裁判所は、１８９８年から１９４４年まで憲法上のテイキングスの問題（takings clause）として料金決定の審査を行ってきたが、１９４４年のHope判決以降１９８７年までの間には、テイキングスの問題として憲法違反があると判決をしたものはなかったという（Richard Pierce, Public Utility Regulatory Takings : Should the Judiciary Attempt to police the Political Institutions? 77 Georgetown L. Rev. 2031〈１９８９年〉）。つまり、わが国の憲法でも国民の私有財産権を認めているが、国はこれに制限を求めるときは、その財産権に対して補償をしなければならないという問題である。その補償額を料金決定においてどのように決めるのかが問題となる。

裁判所は、公益料金の決定が「公正価額」（fair value）に基づかなければならないと判示してきたし、当初の建設費用、社債および株式の市場価額、当初の建設費用と比較した現在の価額、法規定による特定料金の下で得られる財産の収益力等を考慮してケースごとに公正（just and right）でなければならないと判示していた（Smith v. Ames, 169 U.S. 466, 546〈１８９８年〉）。

③総括原価方式による電気料金

しかし、裁判所が、料金設定の審査を行うことは困難であり、裁判官は、法的、または経済的、社会的な判断をどのようにすればよいのかが問題となってくる。そこで裁判所としては、公益事業委員会の規制等による料金設定の決定が、結果(end result)的に「公正かつ合理的」(just and reasonable)な料金であるかどうかを判断することとなってきた(Federal Power Commission v. Hope Natural Gas Co. 320 U.S. 591, 602〈１９４４年〉)。すなわち、もしも料金決定の総合的効果が不公正および不合理であるということができなければ、同法上の司法審査は終了する。料金決定を覆そうとするものは、それが不公正および不合理であって無効であることを確信させる重い挙証責任を果たさなければならない、と判示するようになった。

ただし、裁判所としては、料金決定が投資者と消費者との利益をバランスさせることが必要であるとし、正当な投資者の利益には、規制を受ける会社の財務上の健全性が含まれることを明らかにしている。そして、投資者にとっては、経常費用だけでなく営業の資本コストのためにも十分な収益が存在することが重要であることを認め、その信用を維持しおよび資本を引きつけるために財務上の健全性に対する信頼を得るために十分な利益が必要であることを判示した（Id at 603.）。

1－2　電力の自由化

わが国においても、電力会社は、公益事業会社として、その私有財産権に対しては多様な制限がかけられてきた。憲法29条3項は、「私有財産は、正当な補償の下に、これを公共のために用いることができる」と定めている。営業の自由に関する制約は、まず電気料金が公的な認可を必要とし、またどんなに人里離れたところでも電気の供給義務を負わされる。営業区域も定められ、また原則として契約締結を拒めない供給義務なども負わされてきた。このような制約の補償として、電力会社は、認可料金の下に地域的な独占を認められ、独占禁止法の適用除外を受けてきた。電力の自由化がされると、これがどのようになるのかが大きな問題となる。

①米国における規制緩和

自由化に伴い、州の公益事業委員会は、発電部門の売却を認めるなどの規制緩和をしている。規制緩和するだけでなく、電力会社に対しては、原子力発電計画の中止にともなうストランデッド・コストの回収を認めるという特典を与えている。これは、電力会社がこれまで規制産業として先行投資をしてきた原子力発電建設のための投下資本が、電力についての自由競争の導入によって回収されなくなることに対して、これを料金によって補償をするものである。向こう10年間の電力料金にその回収費用を上乗せしてよいという制度である（『電気新聞』「電力自由化にみる変革と評価」電気新聞海外シリーズ第４〈１９９９年〉）。

これは、電力自由化により、原子力発電は止めにするという電力会社が出てくることに対応した考え方である。

②わが国における展開

われわれの生活にとって電気が重要であることは言をまたないが、その規制緩和を特集する2001年の新聞記事は、次のように述べていた。すなわち、「家庭用を含む電気、ガス小売りの全面自由化でこの地域の電気代やガス代は平均25%下がり、サービス競争も進んできた。……都市ガスによる燃料電池や太陽光パネルなど分散型電源は都市部でも導入が進む。独占が続く送電部門を切り離した電力会社とガス、石油会社の再編も続いている。電力の卸取引市場ができたことで、発電所ごとのコスト競争も激化してきた。初期投資のかさむ原子力発電所は計画撤回が相次ぐ」（『朝日新聞』2001年12月12日）という状況になっていた。このような状況の下で、電力業界2位の会社が、全社員約2万6千人の一割強にあたる3千人を2002年度からの3年間で削減し、設備投資も15%カットするなどのリストラ策を発表している。その理由は、「需要低迷や新規参入者との競争、株価のかってない順位への転落など」が報じられていた（『朝日新聞』2002年1月10日）。

わが国の規制改革の推進に関する第一次答申（要旨）は、エネルギーに関して、「電力の安定的な供給が確保されることを前提に、（電力の小売りで）全面自由化を実施（02年度中に措置）」としていた（『朝日新聞』2001年12月12日）。

もっとも、わが国のエネルギー政策が、一方で原子力推進を謳いつつ、他方で電力自由化を推進するのは、二律背反するものを両立させるに等しい、との指摘もある（佐和隆光「電力自由化と相入れぬ原発」〈『日本経済新聞』２０００年３月27日〉）。そうだとすると、電力業界の自由化の推進と電力の安定供給のためにこれまで政府が基幹電源に位置づけてこれを最大限に活用するとしてきた原子力発電は、これから先はどうなるのかという根本問題が先送りされたままで、電力の自由化がはじまったわけである。

１－３　原子力発電の位置づけ

①原子力発電のコスト負担

原子力研究・開発・利用長期計画案を報じた２０００年の新聞記事によると、「原発の総発電能力などの将来目標を明示できなかったのは、原子力の将来が不透明さを増している表れだ。電力自由化で競争的な環境に置かれた電力会社は一基あたり数千億円に上る原発投資をしにくくなっている。……１９５６年以来、過去8回の長期計画は、発電コストに一定の利益を上乗せして電気料金を決める総括原価方式と九電力による供給独占を前提にしてきた。電力会社にとり投資リスクは低く、原発や核燃料リサイクル施設を建設しやすい環境にあったが、自由化で前提が崩れつつある。天然ガス火力など発電コストが安い技術も登場。中部電力芦浜原発の計画撤回で示されたように、計画通りに建設を進めるのが困難な情勢だ」という（『日本経済新聞』２０００年8月12日）。たしかに、電力の安定的供給を重視しなくてよいのであればともかく、そのことに適切に対処しないままで電力小売りの自由化が進行すると、原発等の発電所を保有せず、固定費を抱えない新規参入業者が価格競争上で優位に立つこととなりうる。それゆえ、原子力発電所の新設や核燃料リサイクル計画の推進にかかる費用をどのようにするかなどの問題を避けて通ることはできない。

電力業界としては、さしあたって、業界が青森県六ヶ所村で2兆円余りをかけて建設中の核燃料サイクル施設について、今春をめどに運転開始後の維持費や放射性廃棄物となる全施設の解体・処分費など追加費用を含めた総事業費を試算し、その上で必要費用の援助を求める方針だということが報道されていた（『朝日新聞』２００２年1月11日）。

②福島原発事故の補償問題

東電福島第一原子力発電所のような大事故が起こるとその賠償額は天文学的数値になる可能性があるが、これを電力会社に無過失責任によって支払わせるというのが原子力損害賠償法である。原子力損害賠償法は、事故について原子力事業者に絶対責任を負わせる一方で、国も原子力事業者に「援助」すべきことを定めている。原子力事業者は、無限責任を負わされ、国も援助を続けることになる。原子力発電事業の推進を決めた当時の政府においては、原発事故が発生した場合には巨額の賠償費用が生じることを試算していたようである。このことについては後述する。

しかるに、福島原発事故に直面した政府の慌てぶりは、次のように報道されていた。すなわち、原発賠償へ保険機構を設立して、被害者救済の支払いを肩代わりし、東京電力からは優先株を取得してその配当金から回収を図る、という。しかし、これでは、原子力損害賠償法が定める国の原子力事業者に対する「援助」としては、「原子力事業の健全な発達」という同法の定める目的に照らすと不十分であるし、不十分であれば東電が電気料金の大幅な値上げにたよらざるをえなくなる。

さらにいえば、福島原発事故について、原子力安全・保安院などの政府機関による監督責任もあるはずであり、政府自体の責任も避けられないはずである。そうであるのに、政府は、これを事故直後に人災だと主張して、自らの責任を棚上げするのみならず、東電の責任を厳しく追及する姿勢をとった。

もしもそうなら、私企業が公益事業を行う場合の財産権に関する見返りとしては、通常は電気料金しかなく、電力会社の株主の適正なリターンを確保した上で、事故について支払った損害賠償のコストを回収できるようにする必要があり、このことのために事故対応策として電気料金の大幅な値上げが必要となるはずである。

福島原発事故を契機として、他の原子力発電所を有する大手電力会社にとっても、原子力発電所の廃炉等を求められる可能性が否定できず、いわば将来リスクのための廃炉積立金制度の財源としても、電気料金に頼らざるを得なくなるものと思われる。

電力の自由化を進めながら、一部の電力事業者だけに原子力発電のあまりにも大きなリスクを負担させると、イコール・フッティングな電力業界の公正な自由競争はできないことになる。発電だけを石油やガスで行う事業者が、価格競争において有利となるからである。原子力発電による安定供給の上に立って繰り広げられる電力の自由化にあっては、原子力によらない発電事業者も、安定供給のための相当のコストを支払うべきこととなろう。そうだとすれば、電力の自由化は、国民にとってあまり有益な結果を生み出さないのではないかとも思われる。

政府は、電気事業の自由化に舵を切ったのであるから、安定供給のための原子力発電に関しては、国が、原子力発電事業者から原子力発電部門を買い取り、自らがその運営をするほどの覚悟が必要であるといえよう。国が、電力の自由化を進めるのであれば、原子力発電はフランスのように政府の事業とすることが前提となるかもしれない（本書１４９－

150頁参照)。

１－４　規制緩和の進展と株主の利益――ストランデッド・コスト

１９７０年代にアメリカで電力料金が急上昇した。顧客及び人気によって選出される規制当局は、小売における競争が新規参入者に有利となることによって料金が下がる可能性を認識した。つまり、過去の規制のコストは現在の電力需要と直接関係していないので、顧客はこれを払うことよりもこのような負担をしてこなかった新規参入者が提示する割安な料金に傾くこととなる。新規参入者はおいしいとこどり（cherry-pick）となる（Leigh Martin, Deregulatory Takings：Stranded Investments and the Regulatory Compact in a Deregulated Electric Utility Industry 31 Georgia L. Rev. 1183, 1191〈１９９７年〉)。公益事業の最大の顧客が、新規参入者から電力を割安で購入することとなると、そのような顧客のインフラ・ストラクチャーの費用を他の顧客や公益事業の株主の負担に帰させることとなる。

　そこで、このような問題の解決方法として、ストランデッド・コストが議論されだしたようである。stranded costsとは、現在公益事業が料金を通じて回収を認められているが、その回収が業界に生じた競争のゆえに妨げられることとなるものをいう。独占を認められた地域ですべての顧客に対して役務を提供する義務を遂行するために過去において支出してきたものの回収である。合衆国の電力業界のstranded costsは、独立の電力供給者の成長、卸売りや小売の促進の結果、１９９４年には２０００億ドルに達したという（William Baumol, Gregory Sidak, Stranded Costs, 18 Harv. J. L & Pub. pol'y. 835, 836〈１９９５年〉）。このような公益事業の規制緩和の結果によるstranded costsの回収問題が、テイキングス収入として憲法上の財産権の保護の対象に含まれるかどうかが注目される。憲法上保護される財産権は「使用される」財産のテイキングスであり、原子力発電計画の中止に伴う費用の回収というストランデッド・コストは、必ずしもこれに含まれるとはいえないからである。他方では、株主の期待利益の保護を理由とすれば、規制がこれに対して非合理な影響を与える場合は、憲法上の保護対象となる、と解釈する立場がある（前掲Leigh Martin, at 1197-99)。

１－５　公益事業株式会社の合理的経営判断は補償されるか

アメリカの判例において、ストランデッド・コストに関して、電力会社の料金決定における株主利益の取り扱いについて興味深いものがあるのでみてみよう。

(1) ジャージー中央電力電灯会社事件

（Jersey Central Power & Light Co. v. Federal Energy Reguratory Commission’ 810 F.2d 1168〈１９８７年〉）

［事実の概要］

ジャージー中央電力電灯会社（申立人）は、連邦エネルギー規制委員会の行った公益事業の料金改定において、料率算定基礎から原子力発電の投資後に撤退したことに係る投資額等が排除され、そのヒヤリングの再開催の申立をしたがこれも拒絶された。そこでそのヒヤリングの再開催を求めている。

事案はやや複雑であるが、約15年ほど前にフォークド川計画として原子力発電所の建設が開始された。当時の連邦および州の当局者は8年から12年かかる原子力発電所に多額の投資をするように奨励していた。電力需要が着実に増大すること、および国際的なカルテルのために原油の価格が上がり続けることが一致した予測であった。規制を受ける公益事業会社は、その顧客の予測される需要に適合するのに必要な施設の建設をすることが法律上の義務であり、申立人会社がフォークド川へ投資することは賢明な（prudent）投資であったことも関係当事者間に異論はない。

ところが、電力の需要と供給の予測は、ともに間違いであることが判明した。需要は予想したようには伸びなかったし、原油の国際的なカルテルの崩壊によってかつてなかったほどにその価格が下落した。さらに原子力発電の建設計画に対する長引く訴訟や政治的論争が、建設の大幅な遅延と費用の増大を結果させた。

このことから、当初は賢明な投資であったのに、いまや撤退することが必要となったのである。申立人会社は、投資してきた3億９７００万ドルを約15年にわたって償却することによって費用を回復することを求め、これについては連邦エネルギー規制委員会も同意している。

問題となっているのは、償却される費用に含まれなかった社債および優先株の経常的請求額をカバーするのに十分な収益を料金算定の基礎に算入すべきことである（いわば十分な利潤の確保を求めることである）。申立人会社がさもなければ長期的な資金に対するアクセスを失うことおよび短期的な信用の不安定は、同社を深刻な財務上の困難に置くことになる、というのが主張の内容である。

［判旨］

Hope判決が明らかにしたところによると、料金が「公正かつ合理的」な範囲を超えることが主張されるときは、その決定の結果の分析に焦点が当てられることとなる。Hope判決においても、正当な投資者の利益には、規制を受ける会社の財務上の健全性が含まれることを明らかにしている。そして、投資者にとっては、経常費用だけでなく営業の資本コストのためにも十分な収益が存在することが重要であることを認め、その信用を維持しおよび資本を引きつけるために財務上の健全性に対する信頼を得るために十分な利益が必要であることを判示している。それゆえ、規制を受ける会社にはその信用および資本を引きつけるに足るだけの財務上の健全性に対する信頼を確実ならしめるのに十分な収益が認められなければならない。それゆえ、委員会による再審査の請求を認めるとして、差し戻した。

しかし、本判決には反対意見があり、判示によると投資がなされた時点で賢明であれば投資者には利益が保証されることになると指摘している。

［コメント］

本判決は、Hope判決に従うもののようであるが、委員会の料金決定の再審査を求めるだけのものであり、料金決定が消費者を食い物にするのか、それとも私有財産の没収にあたるのかを判断できないので、再審査を認めた事件である。注目のストランデッド・コストについては公益事業委員会レベルにあたる連邦エネルギー委員会においてあっさり認められている。これは、これまでの判例において、公益事業の役務の提供に使用されかつ有用な財産のみが料金決定のベースに算定されるとしてきた考え方を否定するものとなっている（Richard Pierce, Public Utility Regulatory Takings : Should the Judiciary Attempt to police the Political Institutions? 77 Georgetown L. Rev. 2031, 2037〈１９８９年〉）。そして、料金決定のベースの算定に際して、電力会社の財務上の健全性が重視されたことが注目される。本判決の反対意見は、投資者の利益保証となることを指摘している。たしかに、料金は収益の最低および最高の範囲を画するバランスとしての性格があり、料金が結果的に高かったときはそのバランスは投資者に味方するし、もし低かったときはバランスは消費者に味方することとなるといわれている（American Telephone & Telegraph Co. v. FCC, 836 F.2d 1386, 1390〈１９８８〉）。料金決定においてこのような緩衝的要素がある以上、電力料金において投下資本が利益保証されるとだけいうのは行き過ぎかもしれない。

（２）デュケーン電灯会社事件

（Duquesne Light Company v. Barasch 488 U.S. 299〈１９８９年〉）

〔事実の概要〕

ペンシルベニアの電力会社の集合が、原子力発電施設７基を建設する事業を立ち上げた。しかし、１９８０年に、アラブの石油停止やスリーマイル島の事故などを含む逆風となる出来事が生じたために、４基の建設をキャンセルした。参加企業のデュケーン電力会社は、ペンシルベニア公益事業委員会に対して、料金引き上げ及びこの４基の廃棄された施設の費用を10年で償却することを申請した。同委員会は、同会社が同施設の建設に参加すること及びこれを終了させることの両方の判断をしたことはそれがなされた状況下では合理的なものであった旨の調査報告を受けて、キャンセルした費用の償却費を含む料金引き上げを認めた。しかしながら、料金決定手続きの終了直前になって、次のような州法（Act 335）が成立した。すなわち、電力会社の発電施設の建設費用は、その施設が公衆の役務に供されるときまでは料金の基礎となすことができないというものであった。同州の消費者保護庁は、同委員会に対して同法に照らして決定の再検討を求めた。同委員会は、再検討の結果、新法は発電施設の建設費用がその施設の公衆への役務の提供のために使用されるまで算定されてはならないとするものであって、費用の償却による回復を妨げるものではないとして前記の決定を確認した。また、同委員会は、この間にペンシルベニア電力から請求された廃棄施設の費用を10年で償却することの承認と料金引き上げについて、これを認めた。以上の二つの決定について、消費者保護庁が裁判所に提訴した。裁判所（Commonwealth Court）は、同委員会がAct 335を正しく解釈したと判示した。しかし、ペンシルベニア最高裁判所は、同法が当該費用の回復を料金の基礎に含め又は償却することのいずれをも禁止するものであり、同法は修正第14条によって州について適用される修正第5条による財産権の規定に違反するものではない旨を判示した。合衆国連邦裁判所は、ペンシルベニア最高裁判所の判断を支持した。

［**判旨**］

州の消費者に電気を提供するという公益のために財産が使用されるが、それらの財産は、私的な投資者により所有され、運営される。この部分的には公的であり、また私的であるという公益事業の財産は、修正第5条のTakings条項の問題を生じさせる。

財産権の制約に対していかほどの補償をすればよいのかについて、判例は、かつては財産の「公正価格」基準を打ち立てたが、価格の算定が困難であることから、「合理的投資」(prudent investment) 又は「取得費用」(historical cost) の考え方に移り、1944年のHope判決が画期的判決となって、補償の算定の基礎として「取得費用」が有効だと判断されるようになった (FPC v. Hope Natural Gas Co., 320 U.S. 591)。当裁判所もこれに従う。

ペンシルベニアの料金決定は、取得費用／合理的投資の方式をわずかに修正したものであり、上告人はいずれもその方式が不公正又は不合理であるとの主張をしていない。デューケーン電力会社は、普通株について16・14％、料金算定基礎の11・64％の収益（return）を認められている。廃棄される当該投資額は料金算定基礎の１・９％であり、その償却を認めなかったことによる収益の減少は４％にすぎない。ペンシルベニア電力会社は、普通株について15・72％、料金算定基礎の12・02％の収益を認められている。廃棄される当該投資額は、料金算定基礎の2・４％であり、その償却を認められなかったことによる減少は５％にすぎない。

本判決において、３人の判事が、料金決定の合憲性の問題は、適切に投下された全ての資本に対する収益の水準によるのであり、この投下資本には投下されたものが料金支払者に何ら利益をもたらさなかったとしてもこれを含むものである、との意見を表明していることが注目される。

［コメント］

本件判決は、「州の消費者に電気を提供するという公益のために財産が使用されるが、それらの財産は、私的な投資者により所有され、運営される。この部分的には公的であり、私的であるという公益事業の財産は、修正第5条のTakings条項の問題を生じさせる」ことを明言している。それでは、どのように補償の額をとらえるかが料金の決定において問題となってきたようである。１８９８年のSmith v. Ames判決は「公正価格」基準を打ち立てたが、その算定方法が困難であり、政治的プロセスに有意味な司法上の制約とはならなかったようである（後掲Richard Pierce, at 2031）。本件判決の引用するHope判決によってはじめて有意味な基準が生み出されたようであり、本判決もこれによっている。

結局のところ、本判決では3人の判事の付帯意見のように解釈しても、ストランデッド・コスト回収分は料金算定基礎においてすでに含まれていることとなり、Hope判決のいう結果的に妥当な料金であった事例であったといえよう。

１−６　電力会社の経営者の行動

①独占事業としての電力会社

米国においても１９８０年代の後半までほとんどの政治家は公益事業会社の競争などということを考えていなかったようである。何十年にもわたって電気事業は発電設備を建設し、あるいは他の電気事業者と契約してそれらの地域の消費者に対する役務提供の義務を履行してきた。電気事業は、資本コストが高いことおよび規模の経済性から自然的な独占であると認識されてきたことが理由となって、公益事業としてそれらの役務提供地域において大口顧客および個人顧客の両者に対して電力を提供するという政府の課した義務を負わされてきた。その代わりに、規制当局は、それらの役務提供の不自由な市場を補償してきた。規制当局は、公益事業が消費者の行動に影響を与えることおよび市場の展開を奨励することを要求し、その見返りとして公益事業はそれらの投資に対する適切な収益の補償を主張してきたのである。ところが、１９８２年にバージニア電力のＣＥＯが発電の規制緩和と電力業界における卸電力売買の提案をするなどの動きが生まれてきた（Richard Pierce, Public Utility Regulatory Takings：Should the Judiciary Attempt to police the Political Institutions? 77 Georgetown L. Rev. 2031, 2073〈１９８９〉）。そして、いまや電力業界の規制緩和がかなり進んできたといえるようである（Leigh Martin, Deregulatory Takings：Stranded Investments and the Regulatory Compact in a Deregulated Electric Utility Industry 31 Georgia L. Rev. 1183〈１９９７年〉）。１９９７年の調査では、アメリカ人の25％が完全な小売り競争に向けた方針を持つ州において生活しているという。

②公益事業会社と株主利益の最大化

コーポレート・ガバナンスの本質的な議論として、バーリーとドッドの論争が有名である。バーリーは、経営者は株主の利潤極大化のために会社を経営すべきであるとしたのに対して、ドッドは、当時の労働不況等を考慮して、経営者は労働者などのステークホルダー（利益関係者）のためにも会社を経営すべきではないかと主張した。

バーリーは、もし経営者が株主の利益以外のものの利益を図るようになると、その成果の評価ができなくなり、経営者は誰からもコントロールされなくなるから、経営者の評価基準として株主利益の極大化が必要であるとした。

ドッドは、バーリーに譲歩して、たしかに労働者の問題は労働立法によって解決されたし、経営者は株主利益の最大化のために行動すべきであるとした。

企業は株主利益の最大化のための経営をされなければならないというのが、アメリカの伝統的な考え方になってきた。

それでは、米国においていわゆる公益事業会社の会社経営はどうなるのかが問題となる。

ドッドは、「会社経営者は誰に対して受託者であるか」という１９３２年の論文において、公益事業に関して次のように指摘していた（拙稿「米国における企業の社会的責任論の展開（１）」『民商法雑誌』70巻3号〈１９７４年〉、拙著『会社法の規制緩和とコーポレート・ガバナンス』［中央経済社 ２０００年］に再収録）。すなわち、公益事業に用いられる私有財産は、限定的な意味においてのみ私有財産である。たとえば、鉄道事業は、適切なサービスを提供し、当局からの要求によりその便益を拡大させ、合理的な料金のみを請求し、そして一定の後援者に特権を付与することにより得られる利益の大きい新ビジネスが可能であってもすべての乗客を同一に扱うこととなる、と指摘していた。

しかしながら、電力の自由化が実現されると、電力会社は、公益事業会社でなくなるわけであり、株主利益最大化を目標とする経営が行われることとなる。発電施設を売却したり、ガス会社との企業併合などが進展するであろうし、電気料金の規制もなくなることになる。利潤極大化を求めなければならず、電力会社も一般企業のように資本市場のコントロールを受けることになる。株主利益が最大化される企業経営が求められる。

おわりに

東日本大震災による福島原発事故により生じた巨額の損害は、いわば大規模な天災であって、天災であれば誰も責任を負わないという考え方も外国にはみられるようである。

しかしながら、原子力損害賠償法は、「異常に巨大な天災地変」でなければ、原子力発電事業者及び国が最後まで責任をとるという基本方針を採用しており、この方針は、福島原発事故についても貫徹される。つまり、天災による原子力損害についても、原子力事業者が「無過失責任」による損害賠償義務（絶対責任）を負わされ、国が原子力事業者に「援助」することになるというのが原子力損害賠償法のスキームである。

しかしながら、当時の政権は、福島原子力発電所の事故は、人災であると断定し、東京電力の経営者の失敗が原因であると主張し、経営に失敗した企業に対する会社再生の場合のように、東電債権者の債務免除を要請した上で、原子力損害賠償法上の国の原子力事業者に対する「援助」は、国民負担の最小化を図るという名目のもと、財政上の負担が国には来ないようにした。もちろん東電債権者による債務免除は拒否されたが、東電に対しては財産を処分させるだけでなく、国は東電にニューマネーを入れることと引き換えに種類株式の交付を受けて支配権を奪った。そして国の管理下で、東電に損害賠償責任を果たさせ、株主に対する配当はさせていない。国の「援助」は、日常語による援助とはかけ離れ、賠償責任を分担することなく、東電に対しては賠償のための資金繰りだけを行う形ばかりのものになっている。

原子力損害賠償法によれば、福島原発事故による巨額の損害賠償については国による補償契約上限の1200億円までは東電が責任を負い、それ以上の賠償額は国の「援助」によりなされると思われた。さもなければ、東電は電気料金を高くして損害賠償せざるを得なくなるからである。

しかしながら、政府は、福島原発事故を契機として大幅な電力の自由化を進めた。このことによって、原子力発電所を抱える大手電力は、利益水準の切り下げを余儀なくされた。

東京電力にとっての電気料金の自由化は、福島原発事故の損害賠償責任を果たすための財源を減少させられることになっている。

政府は、電力の自由化を図るのであれば、東京電力の福島原発事故の損害賠償について、実質的な「援助」を十分にすべきであるが、それを行わずに、東電株主に対しては支配権を奪い、利益配当を禁止している。

2、原子力事業者の絶対責任と国の援助

2－1　原子力損害賠償法における国家の責任

①原子力損害賠償法の仕組み

昭和36年法律第147号により、原子力損害の賠償に関する法律（以下、「原子力損害賠償法」という）が制定された。

原子力損害賠償法の目的は、「原子炉の運転等により原子力損害が生じた場合における損害賠償に関する基本的制度を定め、もって被害者の保護を図り、及び原子力事業の健全な発達に資することを目的とする」（同法1条）と定められている。

原子力損害賠償法３条は、「原子炉の運転等の際、当該原子炉の運転等により原子力損害を与えたときは、当該原子炉の運転等に係る原子力事業者がその損害を賠償する責めに任ずる。ただし、その損害が異常に巨大な天災地変又は社会的動乱によって生じたものであるときは、この限りでない」と定めている。これは、損害賠償についての民法７０９条の規定の特別法となり、過失も要件とされず、原子力事業者が無過失責任を負うことを定める特別法になっており、原子力事業者に絶対責任を負わせている。

また、「同条の規定により損害を賠償する責めに任ずべき原子力事業者以外の者は、その損害を賠償する責めに任じない」ことが定められている（同法４条）。これは、責任の集中といわれ、民法の原則を超える特別法となっている。

そして、国の措置については、次のように規定されている。すなわち、

16条　政府は、原子力損害が生じた場合において、原子力事業者（略）が第3条の規定により損害を賠償する責めに任ずべき額が賠償措置額をこえ、かつ、この法律の目的を達成するため必要があると認めるときは、原子力事業者に対し、原子力事

業者が損害を賠償するために必要な援助を行なうものとする。

2　前項の援助は、国会の議決により政府に属された権限の範囲内において行なうものとする。

②原子力事業者の無過失の無限責任についての議論

この原子力損害賠償法は、原子力事業者に無過失の無限責任（絶対責任）を規定するが、それについての問題点が、立法過程において法律学会においても議論されていた。原子力事業者が、無過失責任を負い、かつ無限責任を負うこととして政府がこれに援助するというスキームは、天災の場合にも当てはまるのかなどが議論された。すなわち、私法学会は、1960年に「原子力災害補償」について、東京大学法学部の教授・助教授による大がかりなシンポジウムを行っていた。まず、そこでの議論を紹介しよう。

鈴木竹雄先生の見解

私法学会「原子力災害補償」のシンポジウムの冒頭で、鈴木竹雄先生は、次のように述べられた。すなわち、「この原子力の災害補償の問題は、その災害がもし起こりました場合には、第三者に非常に大きな損害を与えるというところから、民法の不法行為の一般原則によってこれを処理することができない、そこに民事責任についての特則を考えなければならないのじゃないかという問題が、第一に出て参ります。そこで、そのような大きな災害補償というものを、企業の力でやっていこうというためには、原子力の責任保険が必要になってくるわけであります。しかし、それでも処理できないというような大災害が起こりました場合その他については、国家の補償というものが、第3番目に現れてくるのであります。この三つの問題がからみ合って解決をされなければ、原子力の事業を開発していくとともに、第三者の保護を十分に果たすことができない」、と（私法22号45頁〈1960年〉）。

竹内昭夫先生の見解

竹内昭夫先生は、同シンポジウムの報告「保険及び国家補償の問題」において、「もちろん国としては、極めて少ない確率しか考えられないにせよ万一の場合には巨大な災害をもたらす原子力産業を、禁止することもできます。しかしそれを新たに許可する以上は、万一の場合に備えて充分な措置を講ずるのが当然の義務と考えられます」(私法22号67頁)、として、国家補償の必要性を主張されていた。

我妻栄先生の見解

我妻栄先生は、同シンポジウムの質疑の中で、次のように述べられている。すなわち、「なるほど命令して原子力産業をやらせるのではないけれども、しかし世界の情勢を見て、日本でもバスに乗りおくれてはいかぬからこれをやらせようということを国家が考えて決めた以上は、……被害者に向かっては、最後には文化国家だからお前たちの生活は保護してやる……それから事業者に対しては、なるほどお前に命令はしていないけれども、一生懸命になってやるつもりなら、それ相応の応援はするといったわけなんです」と指摘されている（私法22号77頁）。

加藤一郎先生の見解

このような考え方に対しては、反対論も強かったようである。加藤一郎先生は、同シンポジウムの質疑の中で、次のように述べられている。すなわち、「国家補償に対する反対が、さっきおっしゃいましたように非常に強いのですが、私としてはぜひ国家補償制度を設けるべきだと考えておりますので、その根拠を幾つかあげてみたいと思います。第一には、原子力災害というのは、災害として非常に特殊性を持っている、……長期的に見るならば確率は非常に小さいものですから、あるいは保険でカバーできるかもしれないと思うのですが、現在はともかく国家補償で一応カバーしなければならない……第二は、国家の産業政策としてエネルギー資源の足りないところを補うということが必要と同時に、原子力で巨大なエネルギーを作ることはそれだけ国民の就業の機会を増加し、雇用、収入の道を広げるわけですから、国家の産業政策としてやはりそれをとるべきであろう。その点については我妻先生のおっしゃった通りです。第三に自然災害との比較ですが、台風などの災害と違って、人間が作ったものである以上、それに対する万全の措置はやはり人間が講じておく必要があるのではないか。……国営にしたらどうかという問題については、国がやれば国家が全部その責任を引き受けることになると思うのですが、それならば私企業にやらせて、私企業の力を超える部分を国が引き受けるということでも結果的には同じことになるのではないだろうか」と指摘されていた（私法22号79－80頁）。

以上のように、原子力政策の推進に当たっては、国営にしない場合には、原子力災害についての国家補償が大前提となることが、議論されていた。

2－2　原子力事業者の無限責任とその解放

①異常に巨大な天災（3条但書）の免責の困難（17条の「救助」では救済できない）

立法当時のわが国の災害補償専門部会の答申では、「無過失責任のカウンターパートとして、『異常かつ巨大な自然的又は社会的災害』については免責するけれども、責任保険で填補されない危険については、……すべて国が保証すべきだと考え」ていたという（竹内・後掲『ジュリスト』32頁）。

しかし、原子力損害賠償法3条1項但書は、原子力事業者が損害賠償責任を免責される場合について、「異常に巨大な天災地変又は社会的動乱によって生じたものであるとき」をあげているが、上記答申とは異なる内容の規定となった。竹内先生は、次のように指摘している。すなわち「賠償法では、国は、業者が責任を負う危険による災害については、業者との契約による補償義務を負い（10条）、五十億以上の損害については、賠償義務履行のための「援助」を行うけれども（16条）、業者が免責される場合については、被害の拡大防止の措置と「被災者の救助」を行うことしか定めていない（17条）」と。それゆえ、ここに免責される「天災地変又は社会的動乱」とは、現在の技術をもってしては、経済性を全く無視しない限り、防止措置をとりえないような、極めて限られた「異常かつ巨大な」場合を指すけれども、３条１項但書との関係で一層限定的に、つまり原子力損害を受けた者のために補償することが全く不可能のような、広範囲かつ甚大な被害を伴う「自然的、社会的災害」かどうかという要素を含めて判断しなければならないとの解釈を示された（「原子力損害二法の概要」『ジュリスト』２３６号29頁、32頁〈１９６１年〉）。

竹内先生の解釈をあてはめると、今回の福島原発事故は、日常的感覚では異常な天災地変に該当するといえようが、原子力損害賠償法の３条但書を適用することはできないといわなければならない。なぜなら、原子力事業者に免責規定を適用すると、政府の支援は、17条による「救助」などというきわめて限定的な救済となるからであり、政府は、原子力損害賠償法16条の枠組みで援助をするしかないことになる。つまり、政府は、原子力損害が生じた場合において、原子力事業者が第３条の規定により損害を賠償する責めに任ずべき額が賠償措置額をこえ、かつこの法律の目的を達成するため必要があると認めるときは、原子力事業者に対し、原子力事業者が損害を賠償するために必要な援助を行うものとする、というスキームが必要となる。

② 原子力事業者の無限責任と政府の援助（16条）

竹内先生は、原子力事業者の無限責任について、次のように指摘されている。すなわち、「わが賠償法は、原子力事業者の責任について限度を定めず、賠償措置額以上の損害を生じた場合には、政府が事業者を「援助」することによって賠償義務の履行を確保する（16条）という体制をとっている。このように形式的にせよ業者に無限責任を課している国は他に例がない。（中略）これらの立法・条約では、責任限度をきめる単位も（事故か施設か）額も違ってはいるが、いずれも賠償措置額で民事責任の限度を画し、（中略）国家補償を民事責任の枠の上に積み上げようとする構想をとる。（中略）しかるに、わが国の賠償法は、かりに国が援助をしなくても、またそれが遅れても事業者は責任を免れず、他方、政府は所定の要件を充たせば必ず「援助」すると約束している、ことが特徴である」旨が指摘されている（前掲『ジュリスト』29頁）。このような制度に対して、竹内先生は、「すくなくとも英国法のように、国が援助しない限り事業者に賠償義務はないという形において、弾力的であるにせよとにかく責任限度を決めるべきではなかったか、それによって国の援助義務は一層明確になろうし、また事業者としても一応の予見可能性を確保しえたのではないか、という疑問は残る」（前掲『ジュリスト』35-36頁）と指摘されていた。

竹内先生が、企業のガバナンスに関して、次のように指摘されていたことが注目される。すなわち、「およそ企業にとって致命的なのは、負担や支出自体ではなくて予測しえないそれらである。従って原子力開発を民間企業によっても推進しようという政策をとる限り、最小限必要なのは、万一の事故の場合の予測しえない責任を予測可能なものに転換することである」という（前掲『ジュリスト』29頁）。竹内先生の以上のような指摘によるご示唆を今回の福島原発事故に当てはめるならば、東京電力の負うべき無限責任としての損害賠償責任を予測可能なものにさせる必要があることになる。

2－3　原子力損害賠償法16条の援助に関する政府の対応

原子力損害賠償法16条は、「政府は、原子力損害が生じた場合において、原子力事業者が第3条の規定により損害を賠償する責めに任ずべき額が賠償措置額をこえ、かつ、この法律の目的を達成するため必要があると認めるときは、原子力事業者に対し、原子力事業者が損害を賠償するために必要な援助を行なうものとする」と規定し、同条第2項は「前項の援助は、国会の議決により政府に属させられた権限の範囲内において行なうものとする」と規定している。

さて、政府が必要な援助を行うという場合の必要性の判断基準がどのようになるのかが問題となる。

①原子力事業者の破綻という方法が取れない民事法上の理由

政府が援助を行う前提として、まず東電を破綻処理させるべきであるという政治的な主張もあったようであるが、その主張の根本的な難点は、もしも破綻スキームをとると、原子力損害賠償法1条が被害者の保護を図るべきであるとしているのに、そのことが大きく阻害されるおそれである。なぜなら、電気事業者が破綻すると、被害者の救済よりも、その社債権者の保護が優先するからである。すなわち、一般電気事業者たる会社の社債権者は、その会社の財産について他の債権者に先だって自己の債権の弁済を受ける権利を有する旨が、電気事業法37条に規定されており、同条2項は、その先取特権の順位は、民法の規定による一般の先取特権に次ぐものとする、と規定しているのである。

②福島原発事故に対する政府の「援助」の実際

「東京電力福島原子力発電所事故に係る原子力損害の賠償に関する政府の支援の枠組み

について」(平成23年5月13日原子力発電所事故経済被害対応チーム関係閣僚会合決定)によると、

「政府として、第一に、迅速かつ適切な損害賠償のための万全の措置、第二に、東京電力福島原子力発電所の状態の安定化及び事故処理に関係する事業者等への悪影響の回避、そして第三に、国民生活に不可欠な電力の安定供給、という三つを確保しなければならない。

このため、政府は、これまで政府と原子力事業者が共同して原子力政策を推進してきた社会的責務を認識しつつ、原賠法の枠組みの下で、国民負担の極小化を図ることを基本として東京電力に対する支援を行うものとする。

政府は、今回の事態を踏まえ、将来にわたって原子力損害賠償の支払等に対応できる枠組みを設けることとし、東京電力以外の原子力事業者にも参加を求めることとする」という。

具体的には、機構を設置し、機構が原子力事業者に対し援助(資金の交付、資本充実等)を行い、原子力事業者を債務超過にさせない、とする。政府も、交付国債の交付、政府保証の付与等を行うというものであった。

このスキームによれば、実際には東京電力の負うべき無限責任に対して政府が援助し続けることになるが、実質上は原子力事業者の無限責任の解放は明言しないことから、東京電力の経営基盤は危ういままである。このことに関しては、前述の竹内教授が指摘されたことであるが、原子力事業者が負うべき「万一の事故の場合の予測しえない責任を予測可能なものに転換すること」が放置されている。さらにいえば、破綻再生のスキームではないはずであるのに、上記対応チームの「具体的な支援の枠組み」においては、「原子力事業者を債務超過にさせない」とか、「政府は、援助を行うに先立って原子力事業者からの申請を受け、必要な援助の内容、経営合理化等を判断し、一定期間、原子力事業者の経営合理化等について監督（認可等）をする」などが明らかにされ、あたかも金融機関が破綻した際に行われた管理型の再生スキームのようなトーンとなっている。

しかも、同日には、政府首脳が、銀行に東京電力向けの債権放棄を求める趣旨の発言を行い、銀行株が軒並み急落したことが報道された（『日本経済新聞』２０１１年5月14日）。

さらに、Ｓ＆Ｐは、東電の格付けを大きく引き下げたが（『日本経済新聞』２０１１年5月

原子力損害賠償支援機構法のスキーム図

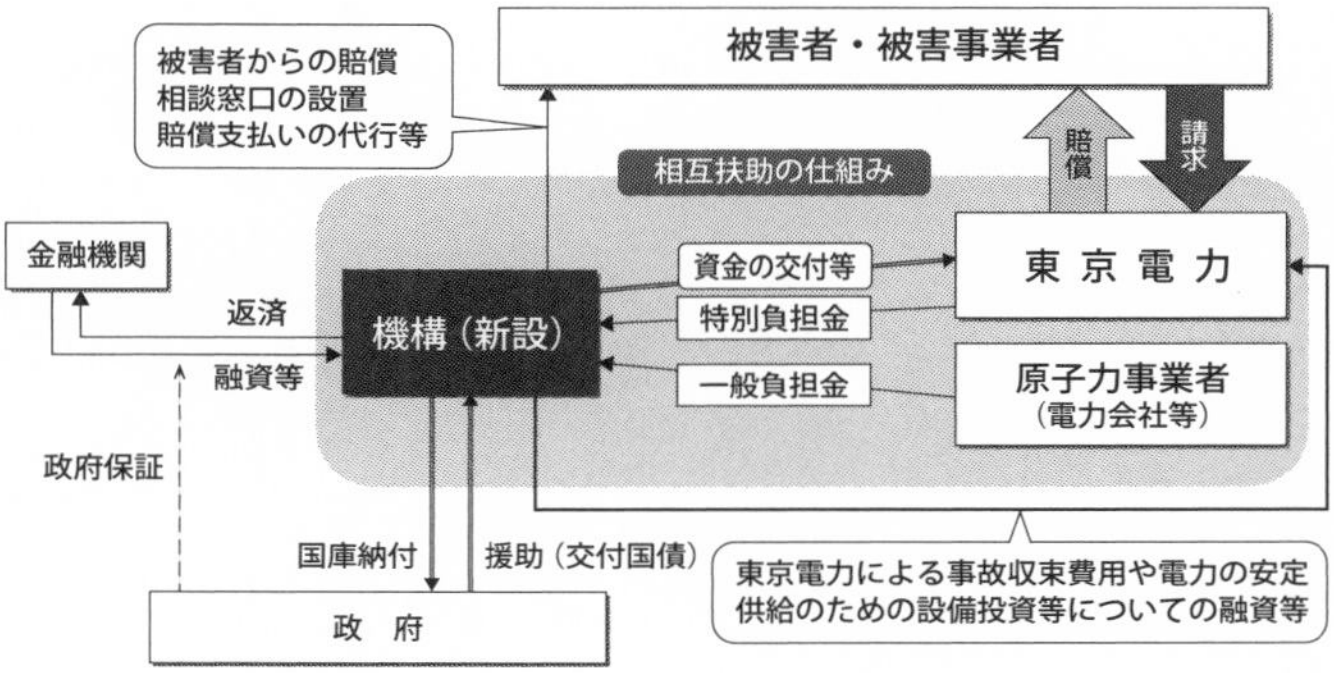

出典：農林水産省 HP（https://www.maff.go.jp/j/kanbo/joho/saigai/kaigi/05/pdf/data4-2.pdf）

31日)、このことは、その後の賠償対応だけでなく、電力会社の存立基盤さえ危うくする結果を生じさせていた。原賠法の枠組みの中で、国民負担の極小化を図ることを基本として東京電力に対する支援を行うという政府のスキームは、現実に東京電力の自立的な資金調達能力を著しく劣化させるものであった。

このような政府の「援助」のスキームは、原子力損害賠償法が被害住民等の補償のために原子力事業者に「無過失責任」を負担させることによって損害賠償させ、これを国が「援助」するという仕組みを大きく変容させ、以下の通り、同法の趣旨を逸脱し、同法に違反している疑いが濃厚である。

すなわち、同法16条は、「この法律の目的を達成するため必要があると認めるとき」という限定をつけている。同法第一条は「目的」を定めるが、「被害者の保護を図り、及び原子力事業の健全な発達に資することを目的とする」という。

原子力発電所の事故によって「無過失責任」を法定させられた原子力発電事業者は、被害住民等に損害賠償責任を負い続けるが、その限度額は予測不能な状態であり、「原子力事業者の健全な発達」の可能性が与えられていないと思われる。これは、国が財政上の負担をしないことに原因がある。

具体的に考えてみよう。農水省のホームページに掲げられたスキーム図をみると、国から機構に対して「援助」として交付国債が渡され、機構は東電に「資金の交付等」を行い、東電が被害者に損害賠償を払う。機構の東電に対する「資金の交付等」に対しては、東京電力は「特別負担金」・「一般負担金」として、及び原子力事業者等（電力会社等）は、「一般負担金」として資金を機構に（事実上）返済する。このスキームでは、国は、被害者を救済するために、東電に乗り込んで損害賠償責任を果たさせ、自らは財政上の負担をしない。国は、「援助」として、東電の原子力損害賠償の資金繰りをたやすくするだけで、被害者救済のための財政上の直接的な負担は何もしていない。

しかし、東電は事業の破綻会社ではないのに、機構は、東電に財産処分をさせた上で、東電に対してニューマネーとして「事故収束費用や電力の安定供給のための設備投資等についての融資等を行う」という名目で、１兆円の対価として東電種類株を取得した。そして、東電を乗っ取ったのである。これは、原子力損害賠償法上の「援助」の目的を逸脱するものであり、適法性に大きな疑問がある。

このような政府の賠償スキームに対しては、「政府管理下に置かれ賠償が最大目的となる東電に、首都圏の電力インフラを進化させ、担い続けることなどできるのであろうか」(「国策賠償会社でいいのか」『朝日新聞』２０１１年5月25日)とか、「今回は、あくまでも異常に巨大な天災が原因であるため、東電は免責され債務超過も回避されると説明したうえで、株主責任も債権放棄も求めないといった毅然とした態度をとるべきであった」との指摘がなされている（野村修也「東電公的管理の課題上」『日本経済新聞』２０１１年5月25日）。

原子力損害賠償機構法は、天災について東電の負う絶対責任である損害賠償責任を国が支配株主として指導・強制させるスキームのために制定された。とてもおかしな立法であったと思われるが、同法附則6条は、「政府は、この法律の施行後できるだけ早期に、平成23年3月11日に発生した東北地方太平洋沖地震に伴う原子力発電所の事故（以下「平成23年原子力事故」という）の原因等の検証、平成23年原子力事故に係る原子力損害の賠償の実施の状況、経済金融情勢等を踏まえ、原子力損害の賠償に係る制度における国の責任の在り方、原子力発電所の事故が生じた場合における収束等に係る国の関与及び責任の在り方等について、これを明確にする観点から検討を加えるとともに、原子力損害の賠償に係る紛争を迅速かつ適切に解決するための組織の整備について検討を加え、これらの結果に基づき、賠償法の改正等の抜本的な見直しをはじめとする必要な措置を講ずるものとする」とは明言している。

政府が、これまで損害賠償については東電任せにして、財政的には原子力損害の被災者に対する直接的な損害賠償責任を負担してこなかったのに、これからは原子力発電の再稼働の必要があると現在の政権が主張することは、極めてご都合主義的な主張だといわざるを得ない。東電株主は、国の政策によって利益配当が事実上禁止され続けており、事故から12年もたっているのにいまだ配当を一度も受け取っていない。国は、東京電力株主の損失において原子力損害賠償責任から逃げてきたことを是正し、自らが原子力発電事故の責任を負担することを宣言してから、原子力発電の再稼働を主張すべきである。

③「援助」に関する学説を尊重しない不当性

原子力損害賠償法16条の援助の解釈について、竹内先生は、「援助」がなされる要件として、第一は、原子力事業者が賠償すべき額が原子力損害賠償措置額をこえたことであるが、第二は、この法律の目的、つまり「被害者の保護を図り、及び原子力事業の健全な発達に資する」（１条）ため必要と認められる場合であることを要する。従って、被害者に充分な賠償がなされなかったり、また賠償義務履行のため原子力事業者に著しい負担を負わせることになっては、右の目的に反するわけであるから、このような結果を避けるために必要な「援助」をするわけであって、財政能力の限界を理由に「援助」を拒むことはできない、と指摘されている（竹内・前掲『ジュリスト』35頁）。

竹内先生は、「原子力事業者に著しい負担を負わせない」という場合の具体的な判断基準の設定の前提として、前述のように原子力開発を民間企業によっても推進しようという政策をとる限り、「最小限必要なのは、万一の事故の場合の予測しえない責任を予測可能なものに転換すること」が必要であると指摘されていることから、16条のスキームにおいても、原子力事業者が無限責任から解放されるための最低条件として、一定限度以上の賠償額については、政府こそが責任をとることを明確にすべきことになる。

しかるに、上述の政府のスキームは、原子力事業者に予測のつかない無限責任を押しつけたままで、無限責任からの解放策を示さず、原子力損害賠償法が予定する原子力事業者の健全な発達を不可能にさせていることになる。

④電力会社の株主の利益

原子力事業者は、消費者に電気を提供するという公益のために財産を提供するが、この部分的には公的であり、私的であるという公益事業の財産は、アメリカでは、修正第５条のTakings条項の問題を生じさせるので、電力会社の株主の利益は確保されなければならないと考えられてきた。このことは、本書ですでに紹介したHope判決が、料金決定が投資者と消費者との利益をバランスさせることが必要であるとし、正当な投資者の利益には、規制を受ける会社の財務上の健全性が含まれることを明らかにしている。そして、投資者にとっては、経常費用だけでなく営業の資本コストのためにも十分な収益が存在することが重要であることを認め、その信用を維持しおよび資本を引きつけるために財務上の健全性に対する信頼を得るために十分な利益が必要であるとしている（Federal Power Commission v. Hope Natural Gas Co, 320 U.S. 591, 602〈１９４４年〉）。また、デュケーン判決においては、電力会社の普通株について16・14％、料金算定基礎の11・64％の収益（return）を認め、あるいは、別の会社については、普通株について15・72％、料金算定基礎の12・02%の収益を認めている。これらは、料金算定において認められる株主の利益基準であるが、竹内先生が、賠償義務履行のため「原子力事業者に著しい負担を負わせる」ことになってはいけないといわれる内容について、これを原子力事業者の経営の健全性を確保するものと考えるならば、これらのアメリカの判例が具体的な解釈基準を提供してくれているといえよう。

米国における電気料金の考え方は、以上のようであり、わが国においても電力の全面自由化の前までは同様の仕組みがとられ、電気料金は総括原価方式によって算定され、株主利益の確保が料金に含まれた。さらにいえば、原子力損害賠償責任を負う場合は、その費用ももちろん電気料金に含まれることになるはずであった。

しかるに、わが国において、電気料金の全面自由化がすでに実施され、株主の適切な利益が含まれる電気料金は考えられなくなり、株主利益は自由化された営利活動から会社が獲得すべきことになる。

同様に、電力の自由化が実施された状況下においては、東電が福島原発事故による原子力損害賠償金の費用を電気料金から回収することは考えにくい。そうであるのに、国の原子力損害賠償・廃炉等支援機構のスキームでは株主の損失において原子力損害賠償責任が強制されることになっている。このような東京電力の財政逼迫状態に対して、多額の貸付けを行ってきた金融機関は、新たな資金調達に応じることはないばかりか、既存の貸付金についてもその早期回収を求めることとなるはずである。

しかしながら政府は、後述するように、金融機関に対して「すべての金融機関が、引き続き借換え等により与信を維持すること」の協力要請をすることによって、東京電力の財政状態を維持させている。政府が金融機関に対する「協力要請」を前提として、原子力損害賠償法が定める「援助」をするという方法は、同法が定める「原子力事業の健全な発達」を阻止するものである。「援助」が適切になされていないことになる。そもそも政府が金融機関に協力要請をするという方法自体が、憲法の定める金融機関の営業の自由の侵害となっていることに留意すべきである。

2－4　原子力損害賠償支援機構法の制定

原子力損害賠償支援機構法（平成23年法律第94号）が、平成23年8月10日に公布された。同法は、原子力損害賠償法に基づいて国会により制定され、支援機構の設立・運営・業務等を定める。支援機構は、原子力事業者が損害を賠償するために必要な資金の交付その他の業務を行うことにより、原子力損害の賠償の迅速かつ適切な実施及び電気の安定供給その他の原子炉の運転等に係る事業の円滑な運営の確保を図り、もって国民生活の安定向上及び国民経済の健全な発展に資することを目的としている（同法1条）。

同法は、衆議院復興特別委員会で修正して可決された。修正によって、第2条が加えられ、「国は、これまで原子力政策を推進してきたことに伴う社会的な責任を負っていることに鑑み、原子力損害賠償・廃炉等支援機構が前条の目的を達することができるよう、万全の措置を講ずるものとする」との規定がおかれた。しかし、原子力発電事業を行う場合に国が原子力損害賠償の最終責任を負うべきことは、原子力損害賠償法の制定当時から議論されており、同法上の政府の法的責任の履行のために原子力損害賠償支援法が制定されなければならないはずである。

ところが、政府の「援助」のスキームは、上述したように東電の損害賠償責任について国がほとんど財政上の負担を引き受けず、あまりにも無責任な姿勢であったので、野党から修正されたといえよう。政府のスキームに対する批判的な意味合いがあるのだとすれば、原子力発電は政府が国策として推進してきたことを確認し、政府の責任の回避を戒める規定であり、人災ではなくて天災であっては、国こそが責任をとらなければならないという趣旨なのであろう。

このことに関して、福島原発事故が人災だという時の政権の主張の下でも、東日本大震災復興基本法が制定され、国民負担による復興がなされたことに留意すべきである。そこでは、東電の責任には触れずに、天災という国難に対する国民負担という考え方が重視されている。このことについては後述する。

①原子力損害賠償支援機構の設立

政府は、今回の事態を踏まえ、将来にわたって原子力損害賠償の支払等に対応できる枠組みを設けることとし、東京電力以外の原子力事業者にも参加を求めている。実際にも、支援機構は、原子力発電をもたない沖縄電力を除く電力会社9社と、日本原子力発電、電源開発、日本原燃が出資することとなった。概数で東電が24億円、関電が12億円、中電が6億円等で、合計12社で総額70億円の出資金により設立された（『朝日新聞』２０１１年９月８日）。

このことに関して、政府が負担すべき福島原発事故の損害賠償の責任を東京電力以外の原子力事業者に法律で負担を強制することは、これらの事業者の財産権を侵害する虞があるとの指摘がなされている（大証金融商品取引法研究会「福島原発事故と東京電力の株主利益（森田報告）」、２０１１年5月27日（森本発言）、大阪証券取引所ＨＰ「自主規制」）。

しかしながら、原子力損害賠償責任を政府が最終的に負うとしても、財政負担にも限度があろうし、ゆくゆくはこれの一部を原子力発電の電力の使用者に求償するという考え方を採用することになろう（拙稿「原子力損害賠償法上の無限責任」『ＮＢＬ』９５６号23、27頁２０１１年）。このことを勘案するときは、東京電力を含めた9電力会社に対して、応分の負担を求めることは必ずしも不当とはいえないと思われる。

しかしながら、国は、同時に電力の自由化を推進してきた。これでは、電気料金からこれらの費用の分担部分を回収することはむつかしいように思われる。福島原発事故によって巨額の費用支払いが必要なタイミングで、電力の自由化を進めるというのは、政策としてちぐはぐとの批判を免れないといえよう。

②原子力事業者及び関係者からの財産の供出

福島第一原発事故の賠償費用を捻出するため、東京電力の資産査定などを進める「経営・財務調査委員会」がまとめた報告書では、東京電力の経営の合理化を求めている。そこでは、人件費の削減や資産・事業の売却、関係者への協力要請等が盛り込まれている（『日

本経済新聞』「東京電力に関する経営・財務調査委員会報告書要旨」２０１１年10月4日）。

しかし、政府が、同法上の援助のための条件として、私的企業である東電の経営に干渉し、財産の処分を事実上強制し、あげくに従業員の企業年金をカットさせるというのは、原子力損害賠償法が全く予定していなかった条件を原子力事業者およびその関係者に課すことになる。これらの政府による財産供出の要求は、東電及び東電株主らの財産権の侵害とならないのであろうか。

③政府の「援助」による原子力事業者の経営への関与

支援機構は、原子力事業者の要賠償額が賠償措置額を超えると見込まれる場合に、原子力事業者からの申込みによって資金援助を行うことを決定するが（42条）、資金援助の決定のためには、資金援助を必要とする理由や事業及び収支に関する中期的な計画の記載がなされなければならない（41条2項）。主務大臣は、その決定の報告を受けて、政府の援助の額を引き下げることもできる（42条3項）。このことによって、政府が経営に口を出すことは許されないが、機構は驚くべきことに東電の支配権を取得したのである。

原子力事業者が資金援助の決定を受ける場合に国債の交付を受ける（すなわち原資を財政にたよる）ときは、主務大臣の事業者の経営に対する関与の可能性は、さらに大きな権限に基づくこととなる。特別事業計画を主務大臣が認定するからである（45条１項）。その特別事業計画において、国は、東電支配権の取得を条件としたのである。

④特別事業計画

支援機構は、原子力事業者と共同で、原子力事業者の経営の合理化のための方策、関係者に対する協力の要請、原子力事業者の経営責任の明確化などの事項（45条２項）を記載した特別事業計画を作成する。

ここにいう関係者に対する協力の要請として、金融機関及び株主への協力要請を見てみよう。以下は、原子力損害賠償・廃炉等支援機構及び東京電力ホールディングス株式会社「第４次総合特別事業計画」（２０２１年８月４日〈認定〉）による。

金融機関への協力要請

「市場環境の変化等による小売事業の更なる競争激化に加え、他社を含む原子力発電所の停止が長期化する中で、東電が福島責任を貫徹するために、全ての取引金融機関に対して四次総特の目的達成に向けた協力として、以下の事項について、機構及び東電ＨＤとの協議の結果に応じて、適切な対応を行うことを要請する。

ｉ）旧総特での協力要請の記載の通り、全ての取引金融機関が、引き続き借換え等により与信を維持すること。（以下略）」

株主への協力要請

「東電ＨＤは、福島第一原子力発電所事故発生後の厳しい財務状況に鑑み、２０１１年３月期末以降の配当（中間配当を含む）を実施しておらず、引き続き、株主に対しては、無配の継続を容認していただくことを要請する。今後の配当については、収益・債務の状況、賠償・廃炉に係る東電の支払い実績及び見通しを踏まえながら、公的資本の回収方法と併せて検討していく。

さらに、機構保有優先株式の普通株式への転換及び売却に伴う市場流通普通株式の一層の希釈化についても容認していただくことを、株主に対して要請する。（以下略）」

以上の特別事業計画による金融機関及び株主への要請は、戦時下の統制経済を想起させるような国民の財産権に対する制約であり、到底認められるものではない。日本は、基本的人権が認められる近代社会である。政府が憲法無視で行う施策は到底容認できない。

おわりに

原子力損害賠償法により、国は、異常に巨大な天災地変でなければ、天災地変の場合も責任を負うとの立場をとっている。その方法として、原子力発電事業者に事故の「無過失責任」を負わせて、巨額の賠償には国が事業者に「援助」するという仕組みを採用した。

原子力損害賠償法は、原子力事業者に対しては、過失がなくても天災に際して「無過失責任」の賠償責任（絶対責任）を負わせている。このような法的構造を奇貨として、時の政府は、福島原発事故は人災だとして東電に事故に係る全責任をなすりつけ、自らは損害賠償について直接的な財政上の支出をしないことにした。国が支払ったのは、政府の補償契約上の義務の履行分１８８９億円のみで、要賠償額13・５兆円の１・４％に過ぎない。

民間の原子力事業者の経営は、その株主の財産権に基づく営業の自由が貫徹されなければならない。政府は、電気事業法を超えて電力会社のガバナンスに干渉すべきでない。そうであるのに、国は、資本注入することで東京電力を乗っ取ったのである。

原子力発電は、政府が国策として原子力発電を推進してきたことから、その管理・監督が十分であったかどうかの検証がなされなければならない。福島原発事故について国自体の責任を明らかにせず、それがないままで、原子力事業者の経営責任だけを厳しく問うというのは、バランス感覚を疑う要求であるといえよう。福島原発事故という国難に対しては、東電も国も損害賠償責任を負わなければならない。

原子力損害賠償法が定める原子力事業者に対する「援助」において、国民負担の極小化という政策目標の旗印によって、原子力損害賠償法が定める援助（国の財政負担）を回避することは許されない。ましてや「援助」と称して原子力事業者の支配権を取得して、損害賠償責任の履行を管理することなどは、原子力損害賠償法の定める「援助」の想定外であり、国による東電及び東電株主の憲法上の財産権（29条）の侵害となる。また、国は、金融機関に対して、東京電力への信用供与の維持を要請しているが、このこと自体も、金融機関の営業の自由を侵害するものといえる。

国は、原子力損害賠償法が定める「援助」を誠実に行うべきであり、福島第一原子力発電所の事故による国の責任の明確化が急務であるといえよう。

第2部

福島原発事故は人災か天災か

１、最高裁判所判決（２０２２年）による人災の否定

１－１　東日本大震災と大津波の概略

●東日本大震災

内閣府防災情報のページ「特集東日本大震災」によると、東日本大震災は、マグニチュード９・０であり、「東日本大震災は、２０１１年３月11日14時46分に発生、三陸沖の宮城県牡鹿半島の東南東１３０㎞付近で、深さ約24㎞を震源とする地震でした」という。これは、

日本国内観測史上最大規模、アメリカ地質調査所の情報によれば１９００年以降、世界で４番目の地震であったという。被害状況等については、緊急災害対策本部資料によると、震災から３か月を超えた６月20日時点で、死者１万５千人、行方不明者７千５百人、負傷者約５千４百人、また12万５千人近くの方が避難生活を送っている、という。

●未曾有の大津波

今回の大震災では、岩手、宮城、福島県を中心とした太平洋沿岸部を巨大な津波が襲い、上記内閣府防災情報のホームページによると、各地を襲った津波の高さは、福島県相馬では９・３ｍ以上、岩手県宮古で８・５ｍ以上、大船渡で８・０ｍ以上、宮城県石巻市鮎川で７・６ｍ以上などが観測（気象庁検潮所）されたほか、宮城県女川漁港で14・８ｍの津波痕跡が確認（港湾空港技術研究所）され、また遡上高（陸地の斜面を駆け上がった津波の高さ）では、全国津波合同調査グループによると、国内観測史上最大となる40・５ｍが観測されたことが明らかにされている。

さらに国土地理院によると、青森、岩手、宮城、福島、茨城、千葉の６県62市町村における浸水範囲面積の合計は５６１㎢で、これは山手線の内側の面積の約9倍にあたる、という。また、同院が公開した浸水範囲概況図から、今回の津波が、仙台平野等では、海岸線から約５㎞内陸まで浸水していることが確認できるという。

１－２　東京電力福島第一原子力発電所の事故

●福島第一原子力発電所

東京電力福島第一発電所は、福島県双葉郡双葉町及び大熊町にまたがって所在している。昭和46年から昭和54年にかけて順次運転が開始された1号機から6号機までの6基の原子炉が設置されており、いずれの原子炉も沸騰水型軽水炉である。原子炉施設は、原子炉格納容器を収容する原子炉建屋、蒸気タービンを収容するタービン建屋から成っている。１

号機から4号機までの各原子炉の主要建屋は、いずれも海抜10ｍの平らな土地上にあり、各原子炉は北から南に順に一列に設置され、東側及び南側は、海水をくみ上げるポンプ等の設置された海抜４ｍの区画等を挟んで海に面している。各原子炉では、原子炉の運転により発電した電力や外部の変電所から供給される電力が利用されていたが、これらの電力をいずれも利用することができない場合に備えて、非常用ディーゼル発電機及びこれにより発電した電力を他の設備に供給するための電気設備（非常用電源設備）が、主要建屋の中に設置されていた。以上は最高裁判所の事実認定である。

●大震災と大津波による事故の発生

最高裁判所の事実認定によると、福島原子力発電所に次のような事故が発生した。

平成23年3月11日、牡鹿半島の南東約１３０㎞、深さ約24ｍの地点を震源として、本件地震が発生した。本件地震は、複数の震源域がそれぞれ連動して発生したものであり、その震源域は南北の長さ約４５０㎞、東西の幅約２００㎞に及び、その最大のすべり量は、

50m以上であった。本件地震の規模は、わが国の観測史上最大となるマグニチュード9・0、津波マグニチュード9・1であった。

本件地震により、本件各原子炉のうち定期検査のため運転中止中であった4号機を除く各原子炉が自動的に停止し、外部の変電所から供給される電力についても、本件地震による設備故障等によりその供給が途絶えた。

その後、本件地震に伴う津波が本件発電所に到来し、本件敷地の海に面した東側及び南東側の全方面から大量の海水が本件敷地に侵入して、本件敷地のほぼ全域が浸水した。その浸水深は、主要建屋付近で最大約5・5mに及び、主要建屋の中に海水が侵入する事態となった。その結果、すべての本件非常用電源設備が浸水してその機能を失い、交流電源が喪失した。

設備が停止し、上記蓄電池の残量不足等により再起動させることができなくなった。

以上のとおり、本件各原子炉施設が電源喪失の事態に陥った結果、本件地震の発生当時運転中であった1号機から3号機までの各原子炉について、運転停止後も発熱が続く炉心を冷却することができなくなり、高温に達した燃料が著しく損傷し、これにより発生した水素ガスの爆発によって原子炉建屋等が損傷するなどして、本件各原子炉施設から放射性物質が大量に放出される事故が発生した、という。

1－3　福島原発事故発生は、天災か人災か

最高裁判所2022年6月17日（第二小法廷）判決によると、以下の事実が認定された。すなわち、

①地震・津波の予測

三陸沖から房総沖にかけての地震活動の長期評価

地震調査研究推進本部地震調査委員会は、地震防災対策特別措置法に基づいて文部科学

省に設置された機関であるが、平成14年7月に「三陸沖から房総沖にかけての地震活動の長期評価について」と題する文書を公表していた。三陸沖から房総沖にかけての日本海溝寄りの南北に細長い領域に関し、明治29年に発生した明治三陸地震と同様の地震が上記領域内のどこでも発生する可能性があること、上記領域内におけるマグニチュード8クラスのプレート間大地震（津波地震）については、今後30年以内の発生確率が20％程度、今後50年以内の発生確率が30％程度と推定されること、その地震の規模は、津波マグニチュード8・2前後と推定されること等を内容とするものであった。

②地震の予測に対しての国と東京電力の対応

原子力安全委員会は、平成18年9月、「発電用原子炉施設に関する耐震設計審査指針」を策定し、原子力安全・保安院は、同月、東京電力を含む発電用原子炉の設置者等に対し、既設の発電用原子炉等について上記指針に照らした耐震安全性の評価を実施するよう指示した、という。東京電力は、上記指示に基づいて長期評価に基づいて発電所に到来する可能性のある津波を評価すること等を関連会社に委託し、平成20年4月頃、その結果を受けた。その内容は、本件長期評価に基づいて福島県沖から房総沖の日本海溝寄りの領域に明治三陸地震の断層モデルを設定したうえで、平成14年津波評価が示す設計津波水位の評価方法に従って、上記断層モデルの諸条件を合理的と考えられる範囲内で変化させた数値計算を多数実施して津波の試算を行ったところ、本件敷地の海に面した東側及び南東側の前面における波の高さが最も高くなる津波は、本件敷地の南東前面において、最大で海抜15・７０７ｍの高さになるが、本件敷地の東側前面では本件敷地の高さ（10ｍ）を超えず、主要建屋付近の浸水深は、４号機の原子炉建屋付近で約2・6ｍ、４号機のタービン建屋付近で約2・0ｍとなるなどというものであった（「本件試算津波」）。

　東京電力は、その後、本件試算津波と同じ規模の津波に対する対策等について検討を行ったものの、直ちに対策を講ずるのではなく、土木学会に本件長期評価についての研究を委託することとして、当面の検討を終えていた。

　以上は、最高裁判所の認定した事実である。しかし、この最高裁判所判決の上告前の高等裁判所においては、次のような判決がなされた。

１－４　国の責任を認める判決（人災説）

原告は、東電福島原発事故で避難した住民らである。事故後に福島県から群馬、千葉、愛媛の各県に避難した住民が起こした訴訟と、福島に残った住民や各地への避難者ら３５００人超が福島地裁に起こした訴訟計４件がある。被告は国及び東電であるが、裁判所は主として国を被告とする国賠について判断している。

原子力発電の安全確保に係る規制機関は、東電に対する監督が不十分であり、東電が水密化の措置を採るべきであったのに、国はそのようにさせる指導を怠ったとして、東京高裁は次のように判示した。すなわち、「経済産業大臣は、本件長期評価が公表された後、東京電力に依頼するなどしてこれに基づく津波の評価をすることにより、発電所に本件試算津波と同じ規模の津波が到来するおそれがあることを認識することができた。上記津波に対する対策としては、防潮堤等の設置が考えられるが、東京電力が上記対策について検討した際、その設置には技術面や工期・工費等の点において課題があることを指摘する意見が出されていたことからすると、東京電力又は保安院その他の安全の確保にかかる規制機関において、防潮堤等によって上記津波による本件敷地の浸水を防ぐことは容易ではないと判断し、防潮堤によって上記津波による本件敷地の浸水を可能な限り防ぐとともに、これによっては防ぎきれない本件敷地の浸水に対する対策を併せて講ずることを検討した蓋然性がある。そして、その対策として、本件各原子炉の主要建屋を水密化するという措置を想定することができ、この措置を防潮堤等の設置と併せて講じていれば、本件発電所に対する本件津波の影響は相当程度軽減され、本件津波が到来しても本件各原子炉施設が電源喪失の事態に至ることはなく、本件事故と同様の事故は発生しなかったといえる」として、経済産業大臣は、電気事業法40条に基づく規制権限を行使して津波による本件発電所の事故を防ぐための適切な措置を講ずることを東京電力に義務付けなかったのは違法であるとして、経済産業大臣による任務懈怠として、原告ら住民に対しての国による損害賠償を認めた。

1－5　経済産業大臣の責任を認めない最高裁判決（天災説）

これに対して、上告審である最高裁判所は、原審である東京高裁の「各原子炉の主要建屋を水密化するという措置を想定することができ、この措置を…講じていれば…本件津波が到来しても本件各原子炉施設が電源喪失の事態に至ることはなく、本件事故と同様の事故は発生しなかったといえる」と判示したことについて、そのような考え方が有力であったことはうかがわれず、そのような対策が講じられなければならなかったということはできないとした。

そして、最高裁判所は、「本件長期評価が今後発生する可能性があるとした地震の規模は、津波マグニチュード8・2前後であったのに対し、本件地震の規模は、津波マグニチュード9・1であり、本件地震は、本件長期評価に基づいて想定される地震よりもはるかに大きいものであった。（中略）これらの事情に照らすと、試算津波と同じ規模の津波による本件敷地の浸水を防ぐことができるものとして設計される防潮堤等は、本件津波の到来によって大量の海水が本件敷地に侵入することを防ぐことができるものにはならなかった可能性が高いといわざるを得ない」と判示した。最高裁判所は、「本件事実関係の下においては、経済産業大臣が上記の規制権限を行使していれば本件事故又はこれと同様の事故が発生しなかったであろうという関係を認めることはできないことになる」と判示しており、本件事故は天災であったと断定していることになる。

1－6　天災と人災の区別の基準——後知恵を用いるかどうか

上記最高裁判所の判決は5人の合議によるものであるが、2人の裁判官が補足意見を述べ、1人の裁判官は反対意見を述べている。

反対意見は、上記東京高裁などの一連の判決と同様の立場に立って、次のように言う。本件非常用電源設備は、主要建屋の1階又は地下1階に設置されていたのであるから、「浸水を防止する水密化等の措置を講ずる必要があった」。そして事故の危険性から、「いかにまれとはいえ、数多くの人の生命、身体等に重大な危害を及ぼすという現実の問題であり、取返しのつかない深刻な災害を確実に防止するという法令の趣旨に照らすと、津波による浸水を前提としない設計をそのまま維持することは、もはやその合理性を認めがたいものであった。（中略）本件地震及びこれに伴う本件事故の経過をみると（中略）本件非常用電源設備に係る重要な区画及びその建屋について水密化等の措置が適切に講じられていれば、本件非常用電源設備が浸水によりその機能を失うことを防止する上で重要な効果をもたらしたものと考えられる」として経済産業大臣が規制権限を行使しなかったことが違法であるとしている。極めて高度な注意義務の基準によって経済産業大臣の責任を追及している。

これら国の責任を認める東京高裁判決及び最高裁判決の反対意見によると、経済産業大臣が適切に規制権限を行使していれば、福島原子力発電所の事故は防止できたことになる。天災は発生しておらず、人災だけがあったということなのであろうか。しかしながら、これらの裁判官は、原子力発電を運営する専門家でもないのに、つまり自分がそのような業務判断の経験がないのに、業務を担当していた行政担当者や東京電力役員の怠慢を責めている。はたして実際に水密化の経費の電力料金への上乗せの可能性等及び措置のための工事期間の停電の可能性など考えられる実施上の諸問題に言及することなく、地震による原子力事故が生じてから、その原因を辿れば、非常用発電設備の水密化をしなかったことが問題であり、そのようにしなかったことが注意義務違反であり、責任の根拠となると断じているように思われる。

ただし、法律学的には、「相応の科学的信頼性」のある見解が存在する場合、これに対しての不作為を有責とする考え方があり、国が適切な措置を要求すべきとする技術基準があるのに命令を出さないという権限不行使の許容限度の解釈に際しては、「様々な要因の不確かさを保守的に（安全側に）考慮して、施設の供用期間中に極めてまれではあるが発生する可能性がある津波について、数値計算等を用いて適切に評価すべき」であるとの指摘がある（松井智予「東京電力株主代表訴訟はＥＳＧに係る経営陣の責任を変容させるか」『商事法務』２３１７号4頁２０２３年）。

しかしながら、仮に水密化をしておけば本当に事故が生じなかったかどうかについては、因果関係が明らかでないように思われる。上記最高裁判決の結論に賛成した補足意見は、具体的に「防潮堤等の設置と併せて他の防護措置も講ずべきであったとする議論については、本件事故以前にそのような議論を本格的に行っていた専門家がいたことはうかがわれず、本件事件後に進展した現在の知見に基づく議論と言わざるを得ない、防護措置を想定して、その措置を講じていれば本件事故は防げたのであるから賠償責任が認められるという判断を導くことは相当でない」ことを指摘している。

上記最高裁判決は、地震予測の長期評価に従って対策を講じていても、今回の地震はその予測をはるかに超える大規模なものであり、因果関係から防止できたとはいえないと判示している。これに対して、高度の注意義務を根拠に国の責任を認める一連の高等裁判所の裁判官は、規制機関としての経済産業大臣に対する不作為を厳しく非難している。司法の独自の判断を示したのかもしれないが、防止義務を果たしても損害は防止できなかったという因果関係の切断があるのであれば、福島原発事故は人災ではなく、天災であったというべきであろう。

１－７　人災説に基づく「援助」スキームの理論的根拠の消滅

ところで、国は、原子力発電所の事故について、東電の巨額の損害賠償責任について、「援助」すべきことになる。責任損害賠償額があらかじめ定められていた賠償措置額（１発電所につき１２００億円）を超えている以上、政府には東電を「援助」する法律上の義務が生じる。ところが、政府は損害賠償のための資金の融通はするが実負担は負わない「援助」

のスキームによって、東電及び他の原子力事業者に損害賠償責任の負担をさせていることは前述のとおりである。

事故当時の政権は、福島原発事故の当事者である東電を厳しく非難することに終始し、大震災に起因する政府批判をかわし、東電をスケープゴートにした。当時の菅首相は、「東京電力を免責にするのならば、東京電力の責任を問えなくなる、故に東京電力を免責にすることはできない」と発言している。事故は東電による人災だと世論に印象付け、東電に対して懲罰的に全責任を負わせることを正当化し、政府が実負担を負わない「援助」のスキームによって、政府は巨額の財政支出を回避してきている。

しかしながら、上記最高裁判所判決が、福島原子力事故が人災ではなかったことを明確に判示した以上、国は、現在の東電に対する「援助」のスキームの正当性の根拠を失うことになる。

2、東京電力旧役員の13兆円損害賠償判決

2－1　株主代表訴訟制度の概略

東京電力福島原発事故は、当時の東電役員の任務懈怠によるものであったので、東電が被災者等に対して損害賠償責任を負わされる損害は、これらの役員が弁償すべきである、と一部の東電株主が主張している。これら株主は、東電に対して、会社がそのような責任追及訴訟を提起すべきであると請求したが、東電はこれに応じなかった。そこで、株主らは、会社に成り代わって、これら役員が会社に対して損害賠償をせよという訴訟を東京地裁に提起した。これが株主代表訴訟制度である。少し説明をしておきたい。

会社の業務執行の権限は、取締役会設置会社においては、取締役会に付与されている（会社法３６２条２項）。しかし、取締役会は、取締役が会社に対して責任を負う場合に、その取締役に対して責任追及（損害賠償請求）を行わない可能性がある。

会社法は、このようなことを防止するために、監査役会設置会社（監査委員会設置会社）である場合、会社と取締役間の訴訟については、代表取締役ではなく監査役（監査委員）が会社を代表することとしている（３８６条）。しかし、監査役（監査委員）も、取締役の任務懈怠責任を追及しないこともよくある。

株主は、会社が取締役の責任を追及すべきであるのに、それをしなければ会社及び株主の権利が放置されるから、まずは、監査役会（監査委員会）に対して、取締役の責任を追及することを求めることができる。そして、それにもかかわらず監査役会（監査委員会）がそのような訴訟提起をしないときは、株主自らが会社を代表して取締役の責任追及訴訟を提起できるということになっている。これが株主代表訴訟制度である。

わが国の株主代表訴訟制度は、戦後に米国法に倣って導入されたが、米国とは異なり硬直的な制度となっている。法務省は、株主代表訴訟制度の弊害を除去するために、平成16年会社法改正案においてその改正案条項を明らかにしていた。具体的には、衆議院における修正前の会社法847条1項2号において、株主が株式会社に対し責任追及等の訴えの提起を請求できない場合の一つとして、「責任追及等の訴えにより当該株式会社の正当な利益が著しく害されること、当該株式会社が過大な費用を負担することとなることその他これに準ずる事態が生ずることが相当な確実さをもって予測される場合」を掲げていた。立法担当官の解説では「取締役の会社に対する責任を追及した結果得られる利益を超える損害が生じる等の場合には株主代表訴訟がかえって会社に損害を与えることになり、株主代表訴訟の趣旨（株主全体の利益の保護）が没却されることとなるから、そのような場合にも提訴請求ができないことを明らかにする趣旨のものであった」と説明されていた（相澤哲『一問一答新・会社法〔改訂版〕』244頁商事法務2009年）。しかし、衆議院で政治的な横やりが入って会社法改正においては同条項が削除された。

もしもその条項が削除されていなかったら、東電旧役員4名に対して被告がとても支払えないような巨額の損害賠償を求める株主代表訴訟は提起できなかったことになる。なぜなら、会社勝利となった場合でも、被告からは損害賠償の支払いが期待できないのに、会社はおそらくは高額な弁護士費用を支払わなければならないし、そのような訴訟を継続させる会社としての利益が乏しいからである。

2－2　人災説による東京地裁13兆３２１０億円判決

東京地方裁判所は、令和４年7月13日、株主代表訴訟の被告となった東京電力旧役員４名が、東京電力に対し、連帯して、13兆３２１０億円及びこれに対する平成29年6月２日から支払い済みまで年5分の割合による金員を支払えとの判決を言い渡した（以下これを「東京地裁判決」という）。

東京地裁判決の概要は以下のようであった。

すなわち、平成23年3月11日に発生した東北地方太平洋沖地震に伴う津波によって、東京電力が設置、運営する福島第一原子力発電所が破壊され、炉心損傷ないし炉心溶融に至ったこと等により、原子炉から放射性物質を大量に放出する事故が発生した。

東京電力の株主である原告らが、取締役であった被告らにおいて、福島県沖で大規模地震が発生し、福島第一原発に津波が遡上して過酷事故（原子炉から放射性物質を大量に放出する事故）が発生することを予見し得たから、その防止に必要な対策を速やかに講ずべきであったのに、これを怠った取締役としての善管注意義務違反等の任務懈怠があり、これにより、本件事故が発生し、東京電力に損害を被らせたなどと主張し、被告らに対し、連帯して、損害金22兆円を東京電力に支払うように求めた。

東京電力の取締役会（監査委員会）は、一部株主が旧役員の会社に対する任務懈怠責任を追及すること等について、業務執行上の判断としてこれに賛同することなく、原告が提起した株主代表訴訟においてはむしろ被告側に立って補助参加している。一般に取締役会は、取締役の責任追及をするかどうかを判断する業務執行権を有するはずであるが、会社法の定める株主代表訴訟は、少数株主の訴訟提起を取締役会（監査役会または監査委員会）が阻止できない制度になっている。

東京電力の経営者の立場からすると、原発事故は予見しえない津波によるものであり、旧役員に責任追及をするという東電の会社としての経営判断はとりえないことになるが、このような会社経営者の判断を乗り越え、株主が会社経営権がないのに自らの主張を裁判所に提訴できるのが株主代表訴訟制度である。

２―３　13兆余円賠償命令判決のもたらす効果

東京地裁判決が、実際にどのような効果をもたらしたかをまとめてみよう。

このような巨額の損害賠償責任を被告東電旧役員４名が実際に支払うことなどできるはずもない。東京地方裁判所が国費を使って何ゆえにこのような非常識な判決を言い渡したのか甚だ疑問である。この勝訴判決によって東電が実際に損失を回復することは名目的な額に過ぎない。

さらに、同判決は、福島原発事故は人災であるという当時の政権の世論操作に同調するものといえる。最高裁判所が判示したように事故は予想外の天災であったのに、これが否定されることは、東電の経営者のマイナスイメージを助長・拡大することになる。

東電は、天災であるにもかかわらず、被災者救済のために損害賠償責任（絶対責任）をとってきたが、国はその責任の負担を避けており、東電だけが賠償責任を負わされ、事故関連の損害額は巨額に上る。東京地裁判決は、国の援助がない事実を世間に明確にしたという点だけは評価できよう。

会社としては、人災説によるこのような株主代表訴訟の結果を認めることはできないはずである。会社の取り得る方法として、会社法４２５条により、東京電力の株主総会がこれらの被告旧役員４名の賠償責任の一部免除を決議することが考えられる。しかしながら、現在の東電の支配者は国であり、国は人災説によって原子力損害賠償法の「援助」を行っているので、東電取締役会がこうした行動を実際にとるかどうかは不明である。もちろん、東京電力には、補助参加人として、今後の控訴審において東京地裁判決を覆すことに努める選択肢は残されている。

２－４　東京地裁判決に対するコメント

①損害額の認定が粗雑であること

東京地裁判決は、①廃炉・汚染水対策費用について約１兆６１５０億円を支出し、②被災者に対する損害賠償費用について合計７兆８３４億円の賠償金の支払いを合意し、また、③除染・中間貯蔵対策費用について、環境省が平成31年までに要する累計金額は４兆６２２６億円となり、最終的には東京電力の負担となる。したがって、本件損害の額は、これらの合計額13兆３２１０億円となるという。

東京地裁判決は、巨額の損害賠償請求を認めるが、例えば除染中間貯蔵対策費用についてはエネルギー特会や東電株式売却益で負担することなどの言及がなく、損害額は粗雑な判断だと言わざるを得ない。

さらには、東京電力が旧役員に損害賠償を請求すると、それは東電が求償権を行使することに他ならず、原子力損害賠償法5条は「第3条の場合において、他にその損害の発生の原因について責めに任ずべき自然人があるとき（当該損害が当該自然人の故意により生じたものである場合に限る。）は、同条の規定により損害を賠償した原子力事業者は、その者に対して求償権を有する」と定めている。自然人の旧役員の「故意により生じたもの」でない場合の損害については、東電はそもそも求償できない。判決金額13・3兆円のうち11・7兆円は、求償不能の金額であり、東京地裁判決は、この点でも粗雑である(藤田友敬「原子力損害と会社法」日本エネルギー法研究所2017年講演録参照)。

②後知恵による判決――原子力事業者の取締役の特別に高度な注意義務基準の設定

東京地裁は、原子力発電所事業者の過酷事故回避義務について、「原子力発電所において、一たび炉心損傷ないし炉心溶融に至り、周辺環境に大量の放射性物質を拡散させる過酷事故が発生すると、当該原子力発電所の従業員、周辺住民等の生命及び身体に重大な危害を及ぼし、放射性物質により周辺環境を汚染することはもとより、国土の広範な領域および国民全体に対しても、その生命、身体及び財産上の甚大な被害を及ぼし、地域の社会的・経済的コミュニティの崩壊ないし喪失を生じさせ、ひいては我が国そのものの崩壊にもつながりかねないから、原子力発電所を設置、運転する原子力事業者には、最新の科学的、専門技術的知見に基づいて、過酷事故を万が一にも防止すべき社会的ないし公益的義務があることはいうをまたない」とし、「当該想定される津波による過酷事故を防止するために必要な措置を講ずべき義務を負うことは明らかであり、そのような事業者の取締役は、会社が上記措置を講ずるよう指示等をすべき会社に対する善管注意義務を負う」と判示した。

そして、東京電力の役員は、最新の科学的、専門技術的知見に基づく予見対象津波により福島第一原発の安全性が損なわれ、これにより過酷事故が発生するおそれがあることを認識し、または認識し得た場合において、当該過酷事故を防止するために必要な措置を講ずるよう指示等をしなかったと評価できるときには、東京電力に対し、取締役としての善管注意義務に違反する任務懈怠があると判示した。

③過酷事故に対しての厳格な防止義務は善管注意義務の基準を超える

裁判所は、また原子力発電所事業者の役員の善管注意義務の基準について、これまでに起こった地震についての長期評価の見解は、一定のオーソライズがされた相応の科学的信頼性を有する知見であったから、東京電力の役員はこれに基づく津波対策を講ずることが義務付けられる。長期評価によると、福島第一原発は、津波が敷地の高さを大きく超えて到来することが科学的に想定され、ドライサイトではなくなっており、ウエットサイトとなっているというのであれば、既に過酷事故発生の危険があることは明らかなのであるから、その安全性を確保するための津波対策を速やかに講ずべきとの判断および指示をするのは、福島第一原発の安全確保の責任を一次的に負うべき東京電力の代表取締役及び原子力担当の取締役の職責というほかはない、とした。

さらには、このような職責の善管注意義務の基準に関して、「仮に、この点について、理学や工学の専門家から、土木学会で検討している間に何らかの対策をすべしとの意見が出なかったとしても、それは被告らが、取締役としての上記職責を果たさない言い訳になるものではない」として、東京電力及びその役員が原子力事業者として有していなければならない、基本的ともいうべき、過酷事故に対する想像力の欠如と、安全性に関する意識や認識の甘さは、許容できないとの立場に立ち、善管注意義務の基準は極めて厳格に高く設定している。

善管注意義務の基準は、通常人が誰でも考えるであろうという基準であり、学界での定説でもないものを基準にして行動することは法律上は要求されていない。

④法律学者の指摘

東京地裁が東電旧役員にこのような厳格な高度の注意義務を求めることは、監督官庁の責任追及の場合の基準を株主代表訴訟における損害賠償へと責任拡大する筋道を示したものと指摘する学説がある（松井智予・前出『商事法務』２３１７号４頁、８頁）。しかし、最高裁判所は、原子力損害賠償についての国の責任を求める国賠訴訟において、未曾有の大地震であることから、因果関係として損害発生を防止できたとはいえないとして請求を棄却した。このことは前述した。この学説は、東京地裁の裁判官の判断が根拠のないものではなかったことを指摘するものと思われる。しかし、裁判官の正義感が高揚しすぎた判決が出されるという司法システムでは、社会が混乱する。

２－５　経営判断により事故は防止できたという蓋然性

①蓋然性では因果関係は説明していない

しかしながら、東京地裁の判決のいうような善管注意義務の高度の水準によって東京電力の役員が津波対策措置を講じていれば、本件過酷事故は防げたのであろうか。このことについて、東京地裁は、「東京電力の取締役として善管注意義務に従い、明治三陸試計算結果と同様の津波が襲来することを想定して、これによりSBO及び主な直流電源喪失となることを防止する対策をすみやかに講ずるよう指示等を行っていたならば、本件事故を回避し得たであろうことを是認しうる高度の蓋然性が認められるから、上記被告らの任務懈怠と本件事故発生との間には因果関係が存在する」と判示するだけである。人災説に立って事故回避の蓋然性があったというだけで、本当に回避できたかどうかについては言及がないことが問題であるように思われる。

他方、前述した最高裁判所判決においては、今回の大津波は、明治三陸試計算結果の想定する津波よりもはるかに大きいものであって、津波対策を講じていてもこれを防止することはできなかった旨を判示している。むしろ天災であったことを明らかにしているのと対照的である。

②裁判官の正義感と良心

しかし、残念ながら、東京地裁は、津波対策をしていれば本件過酷事故は回避し得たであろうということについては、蓋然性という言葉を示すのみで、今回の地震が想定外の大きさであったことによる因果関係については言及を避けている。はたして過酷事故は本当に回避できたのであろうか。そのような検証もなく東電役員にびっくりするような巨額の賠償責任を押しつけるのは、裁判官としての正義感なのであろうが、被告に防止できたかどうかもわからずに過酷な賠償責任を負わせてもよいというのでは、かえって裁判官の良識が問われることになろう。

③厳格な防止義務履行の非現実性を示す刑事判決

東京地裁は、もはやウエットサイトになっている敷地をドライサイトにするためには、なお書きではあるが、「当該過酷事故を防止し得る建屋等の水密化措置などの一定の対策が速やかに講じられる見込みがなかった場合には、（中略）10m盤がドライサイトを回復するまでの間、原子炉の運転を停止すべき取締役としての善管注意義務があったことになる」という。しかしながら、実際に電力会社の経営を担当する役員が、顧客の利便性の犠牲の上にそのような防止対策をとるという経営判断には非常に抵抗があったことが明らかである。東京地裁の裁判官は、電力会社の経営経験もないのに、あたかも評論家のように東電旧役員の経営判断を論難しているとのそしりを免れないように思われる。このことは、別事件ではあるが、東京地裁の東電役員等に対する刑事事件判決が、その実情を明らかにしているので、その刑事判決を見ておこう。

東電役員の刑事責任についての東京地裁の判決

津波襲来の予見可能性と原子力発電の運転停止措置について、東京地裁は、東電福島第一原発業務上過失致死事件において次のように判決した（東京地裁令和1年9月19日判決『判例時報』２４３１、２４３２合併号3頁）。これは、刑事事件であるが、検察が起訴したものではなく、指定弁護士が検察官の役割を演じている訴訟である。

［事実の概要］

平成23年３月11日に発生した東北地方太平洋沖地震に伴う津波の襲来により、福島第一原子力発電所の原子炉建屋が水素ガス爆発するなどして、事故収束作業に従事していた13名が飛び散ったがれきに接触するなどして傷害を負い、発電所周辺の病院の入院患者及び介護老人保健施設の入所者の合計43名が長時間の搬送や待機等を伴う避難を余儀なくさせられた結果死亡し、入院患者１名が病院における治療及び看護が不能となった結果死亡したという事故が生じた。発電所を設置した東京電力において、事故前に取締役会長及び社長等であった３名が、防護措置等の適切な措置を講じることにより事故の発生を未然に防止すべき業務上の注意義務を怠った過失があるとして、検察審査会の起訴議決により、指定弁護士から、業務上過失致死傷罪の成立を問われた。主たる争点は、被告人らにおいて、本件発電所に一定以上の高さの津波が襲来することについての予見可能性があったと認められるか否かであり、その前提として、どのような津波を予見すべきであったのか、そして、津波が襲来する可能性について、どの程度の信頼性、具体性のある根拠を伴っていれば予見可能性を肯認してよいのかという点に争いがあるとして、次のように判示した。

［判旨］

「予見すべき津波」について、本件事故においては10ｍ盤を超える津波が襲来して10ｍ盤上のタービン建屋等へ侵入したことが……人の死傷の結果に至る因果の経過の根幹部分をなしている……被告人らにおいて、10ｍ盤を超える津波が襲来することの予見可能性が必要である、とした。

被告人ら3名は、条件設定次第では、本件発電所に10ｍ盤を超える津波が襲来するとの数値結果が出る、もしくは、その異様な津波襲来の可能性を指摘する意見があるということは認識していたのであるから、被告人ら3名において10ｍ盤を超える津波の襲来を予見する可能性がおよそなかったとはいい難い、と判示している。しかしながら、……被告人ら3名がそれぞれ認識していた事情は、当時得られていた知見を踏まえ上記のような津波の襲来を合理的に予測させる程度に信頼性、具体性のある根拠を伴うものであったとは認められない、と判示した。

［コメント］

「結果回避のための防護措置等」については、指定弁護士は、①津波が敷地に遡上するのを未然に防止する対策、②津波の遡上があったとしても、建屋内への浸水を防止する対策、③建屋内に津波が侵入しても、重要機器が設置されている部屋への侵入を防ぐ対策、④原子炉への注水や冷却のための代替機器を津波による浸水のおそれがない高台に準備する対策、以上全ての対策を予め講じておくことであり、⑤これら全ての措置を講じるまでは運転停止措置を講じることであるとした上で、①から④までの全ての措置を予め講じておけば、本件事故を回避することができたという。

裁判所は、本件において問題となっている結果回避義務は、平成23年3月初旬までに本件発電所の運転停止措置を講じること、これに尽きていると判示している。しかしながら、この運転停止措置は、東京電力が電気事業法上の電力供給義務にかかわり、ライフラインに困難等を伴うことを指摘している。

さらに、裁判所は、原子炉の安全性確保についての原子炉等規制法及びこれを受けた審査指針等における規制の在り方からすると平成23年3月初旬の時点において、同法の定める原子力施設の自然災害に対する安全性は、どのようなことがあっても原子炉内の放射性物質が外部の環境に放出されることは絶対ないといったレベルの、極めて高度の安全性をいうものではなく、最新の科学的、専門的知見を踏まえて、合理的に予測される自然災害を想定した安全性であって、そのような安全性の確保が求められていたものと解される、と判示して、本件発電所の運転停止という結果回避措置それ自体に伴う手続的又は技術的負担、困難性を指摘し、被告人ら3名の無罪を判決した。

以上に見てきた裁判所の判断では、地震の襲来が予見できただけではなく、合理的に予見できたかどうかに焦点を当てていることが特徴であるといえよう。合理的に予見できなければその防護措置もとれないことになり、人災ではなかったという結論が導かれている。人災でなければ天災だと言わざるを得ないことになる。

この東京地裁刑事判決は、控訴審においても踏襲されている。裁判所が、後知恵によって、経営者の経営判断が間違っていたとか、善管注意義務に違反していたと指摘しても、会社経営者には多様な選択肢があったであろうことから、裁判官の考えを押し付けることには無理がある。上記の刑事判決はこのことを明らかにしているといえよう。

④最高裁判例による経営判断原則を無視する東京地裁判決

最高裁判所判例は、アパマン事件において、その決定の過程、内容に著しく不合理な点がない限り、取締役としての善管注意義務に違反するものではないと判示しており（最判２０１０年７月15日判時２０９１号90頁）、経営者の任務懈怠の考察においては、いわゆる経営判断原則が認められてきたといえる（拙著『取締役の善管注意義務』２１６頁有斐閣２０１９年）。しかるに、東京地裁の13兆３２１０億円判決は、経営者の不作為を厳しく論難して東電経営者の経営判断の裁量を認めない。これは従来の最高裁を含めた判例理論から、浮き上がったものとなっている（弥永真生「経営判断原則からの離脱？」資料版『商事法務』461号3頁2022年）。このような裁判官の暴走を許す株主代表訴訟制度をこのまま放置しておいてよいのかが大問題となってくる。

2－6　株主総会決議による旧役員4名の責任免除の方法――私案

東京電力は、東京地裁の13兆3210億円判決が言い渡されたことに関して、会社法425条に基づき株主総会において旧役員4名の東電に対する損害賠償責任の一部免除の決議を求めることができる。しかし、2023年の東電の株主総会招集通知を見ると、そのような株主総会議案は上程されていない。東京電力の経営者は、東京地裁判決の控訴審における逆転判決を期待しているのであろうか。それとも、東京地裁判決は人災説に立つので国にとっては歓迎すべきものであり、国有化された東電取締役会は、これに対して逆らうような行動はとる気がないのかもしれない。まさか東電旧役員４名についてはお国のために切り捨てるというのだろうか。

しかしながら、人災説の東京地裁株主代表訴訟判決は、訴外（補助参加人）の東電のマイナス面が大きいことは前述した。国が原子力損害賠償法上の「援助」をまともにせず、東電株主の損失の上に胡坐をかいている状況から、東電は、早く離脱するべきであり、そのためにこの東京地裁判決を帳消しにすることが有益である。株主総会において、旧役員４名の免責を決議することが必要であると思われる。

東京電力の株主総会で免責決議を求める場合の法的論点の整理は、次のようになる。

●株主総会の決議案

「令和４年７月13日東京地裁判決が東電旧役員４名が東電に対しての支払いを命じた損害賠償責任について、会社法４２５条の規定にしたがい『最低責任限度額を控除して』得た額を免除する」

●免責議案を提出する理由

東京地方裁判所は、令和４年７月13日、被告となった東京電力旧役員４名が、東京電力に対し、連帯して、13兆３２１０億円及びこれに対する平成29年６月２日から支払い済みまで年５分の割合による金員を支払えとの判決を言い渡した（以下これを「東京地裁判決」という）。その判決の金額にはあいまいなところがあるが、東京地裁判決を前提として、一部免責決議を行うことが必要である。

●会社法４２５条が認める免責決議に必要な要件の説明

上記東京電力旧役員４名は、株主総会決議による一部免責を受けるには、「その職務を行うにつき善意でかつ重大な過失がなかったこと」が必要となる（会社法４２５条１項）。

東京地裁判決は、４名の被告がその職務を行うにつき、「原子力事業を営む会社の取締役は、……当該想定される津波による過酷事故を防止するために必要な措置を講ずるよう指示等をすべき会社に対する善管注意義務を負う」としているが、被告が「過酷事故が発生するおそれがあることを認識し、または認識し得た場合において、過酷事故を防止するために必要な措置を講ずるよう指示等をしなかったと評価できるときには」と判示しており、「悪意」や「重過失」の指摘がないことから、東京地裁の判決を前提にしても、東電旧役員４名が４２５条の一部免責を受けるための「善意・無重大過失」の要件は満たされていることとなる。

●株主総会が決議できる免責の具体額について

さて、同条２項１号が定める「責任の原因となった事実及び賠償の責任を負う額」は、福島原子力発電所の事故に関する上記東京地方裁判所令和４年７月13日判決が、東京電力の旧役員等４名に対して任務懈怠があったとして各個人が連帯して東京電力に対して13兆３２１０億円（及び訴訟費用負担）の支払いを命じており、これに基づいて免責を決議することになる。

「最低責任限度額」については、同条2項2号によって具体額を確定することになる。

同条2項3号が定める「免除額」は、したがって13兆3210億円から「最低責任限度額」を控除した額とすることになる。

同条2項3号が定める「責任を免除すべき理由」は、最高裁判所が令和4年6月17日の判決において、福島原発事故を人災とは認めなかったのに、東京地裁がこれに反して人災説に立って事故後の見識による後知恵の判断によって「取締役の善管注意義務」を適用し、任務懈怠と損害との因果関係の証明もなく「蓋然性」があるというだけで巨額の損害賠償を命じていることは法の適用を誤るものであり、その不当性を是正することである。

ただし、東京地裁判決は、控訴されており、その結論によって東電旧役員4名は責任を全然負わないこともあり得る。しかしながら、今後の上級審による正しい判断がなされるまで、東電は株主代表訴訟に巻き込まれること自体による出費もあり、また人災説に立つ東京地裁判決による会社のマイナスイメージの拡散を止めなければならない。株主代表訴訟を早期に打ち切るには会社法４２５条の決議をすることが有益である。

●株主総会決議で責任を免除すべき実質的な理由

1．東電旧役員４名に損害賠償責任がないこと

最高裁判所は、東電福島原子力発電所の事故について、今回の地震の規模はマグニチュード９・１であり、マグニチュード８・２前後での試算津波と同じ規模で設計される防潮堤等は、本件津波の到来に伴って大量の海水が本件敷地に浸入することを防ぐことができるものにはならなかった可能性が高いとして、人災であることを認めず、監督官庁の責任者である経済産業大臣の責任を否定している（令和４年6月17日）。

東京地裁判決は、人災の「蓋然性」を主張して、旧役員４名についての損害賠償責任を命じるが、これは最高裁判所の判示に違反している。東京地裁判決は、国は天災として責任がなくても、東電は人災として責任を負うという論理をどのように説明するのであろうか。

２．人災説の流布の防止

福島原発事故は、最高裁判所判決によると人災ではなかったことになる。事故当時の政権が喧伝した人災説を放置することは、会社および株主全体の利益に反することになる。

２－７　裁判官に天災を人災だと言い切るような判決をさせない制度の必要性（立法論）

①株主代表訴訟制度の改正

東京地裁の裁判官は、天災を人災だと断定して東電の旧役員４名に対して巨額の損害賠償を命じたことは前述した。会社取締役の任務懈怠について裁判官が独自に善管注意の基準を設定して、巨額な損害賠償を命じるという懸念を払拭するには、裁判官にこのような裁判を審理させないこととする制度が必要となる。

株主代表訴訟制度についての法改正は、前述したように法務省においてもすでに取り掛かったことがあるが、それが国会での修正によって削除された。まず、その削除された改正案を復活させなければならない。もし、そのような改正がなされていたならば、東京地裁のような訴訟の審理が回避され、裁判官が常軌を逸するような判決をすることもなかったことになる。

さらにいえば、最近の上場会社にあっては、コーポレート・ガバナンスの進展が目覚ましく、経営者から独立した社外取締役及び社外監査役がかなりの割合で存在し、取締役会において経営者の管理監督を行うようになっている。取締役の責任を追及すべきかどうかはもとより、法令を遵守する経営についてもチェックする仕組みになっている。これら社外役員は、取締役会に出席して経営者の監督を行うので、一部株主がするチェックよりも効率的であるから、社外取締役及び社外監査役こそが、取締役の責任追及についても会社の最善の対応を考えることが有益である。

このような考え方から、株主代表訴訟が盛んであるといわれてきた米国においては、株主が株主代表訴訟の提起を求めてきたときに、その是非を社外取締役が判断することとして、もしもその社外取締役からなる訴訟委員会（取締役会の小委員会）が訴訟提起は会社の最善の利益にそぐわないと判断すれば、その判断を裁判所が尊重して訴えを認めないこととなっている。わが国においても、監査役会（監査委員会）の判断によって株主代表訴訟制度の濫用を防止する制度が必要であろう。

②裁判官が遵守しなければならない経営判断原則の法制化

わが国においても、前述したように最高裁判所を含めた判例は、取締役の任務懈怠の判断において、善管注意義務の解釈における経営者の裁量を認めてきている。しかるに、東京地裁13兆３２１０億円判決は、そのような判例法理を無視して独自に高度の善管注意義務の基準を打ち立て、常軌を逸するような巨額の損害賠償を命じたのである。このようなことがあると、会社経営者は、株主代表訴訟でどのような判決がなされるのかについての予測もたたず、損害賠償支払いの恐怖から、会社のリスクテイクに及び腰になる。このことが原因であると断定はできないが、わが国の企業は、世界との比較でリスクテイクに極めて慎重であるといわれている。

そこで、裁判官が、天災を人災だと断定することができないようなシステムを制度化すべきこととなる。米国の裁判所は、もともと経営介入に慎重である。裁判所は、会社の経営政策をコントロールすることはしないとの判例が確立されてきた。取締役の業務執行権は、その行使が詐欺でもない限り、裁判所から干渉されることはない。裁判官が、経営判断を事後的に事細かに審査して経営者の任務懈怠を断じることは、米国の裁判所ではあり得ないことになっている。天災を人災だとまで判決する裁判官は米国にはいないことになる。

もしもこのような米国の裁判所の判例の考え方をわが国の会社法において採用するのであれば、それはどのようになるか。アメリカ法律協会の「コーポレート・ガバナンスの諸原理：分析と勧告」によって説明しよう。

これによると、「取締役又は役員は、その職務を、誠実に、自らが会社の最善の利益になると合理的に信じる方法で、かつ同様の地位に就く通常人が同様の状況下で行使することが期待される注意をもって、遂行すべき義務を負う」（分析と勧告４・０１条）という。これはわが国の会社法の考え方と似通ったものであるといえよう。

しかしながら、注目すべきことは、この注意義務については、米国においては適正な職務遂行の推定規定が定められていることである。すなわち、「取締役又は役員は、誠実に経営判断をなす場合、当該取締役又は役員が、①経営判断の対象に利害関係を有さず、②経営判断対象に関し、当該取締役または役員が当該状況下で適当であると合理的に信ずる程度に知識を有し、かつ③当該経営判断が会社の最善の利益の合目的根拠を有する場合、遂行すべき義務が履行されたものとされる」（同条(c)項）。ここでは、情報の調査についても徹底的なものは要求されない。

わが国の会社法においても、アメリカ法律協会の規定に倣って、取締役が会社の利益のために行った職務遂行は、適正に遂行されているとの推定規定を採用すべきである（拙著『取締役の善管注意義務』２２１頁有斐閣２０１９年）。ドイツにおいてもアメリカと同様に経営者の職務遂行が適法に行われているとの推定規定が採用されている（拙著・同２２２頁）。

この規定があれば、裁判官が、善管注意義務の解釈において、独自の正義感を高揚させるのを抑止することが期待できる。

第3部

原子力発電の国民負担と電力の自由化

1、国と東京電力の負担

1－1　原子力損害賠償法による救済のスキーム

原子力損害賠償法3条1項は、「原子炉の運転等の際、当該原子炉の運転等により原子力損害を与えたときは、当該原子炉の運転等に係る原子力事業者がその損害を賠償する責めに任ずる。ただし、その損害が異常に巨大な天災地変又は社会的動乱によって生じたものであるときは、この限りでない」と定める。これは原子力事業者に無過失責任を負わせるものであり、これを今回の東日本大震災の福島第一原子力発電所の事故に当てはめると、東電が原子力損害賠償の無過失の責任を負うことになり、しかもその責任の範囲は無限になる。これは、絶対責任といえる。

東電は、もちろん巨額の損害賠償を支払う能力がないことになるが、国は東電に対して援助を行うことによって東電が損害賠償できるような仕組みとなっている（原賠法16条）。

しかしながら、東電が巨額の損害賠償を支払うと、国からの「援助」を待つ間にも東電はすぐに倒産してしまうことになる。そこで、国は東電に対して、損害賠償等のため必要な資金提供をしなければならず、そのために原子力損害賠償支援機構法を制定して、東電に資金供給することとした。後の改正では廃炉についても同様の扱いができるようにした。

1－2　天災であっても損害賠償する　原子力事業者の無限責任と政府の覚悟

①原子力損害賠償法上の「異常に巨大な天災地変」

今回の東日本大震災は、条文上の「異常に巨大な天災地変」に該当するのではないかどうかが問題となる。制定当時の議論では、関東大震災の３倍などという議論もあったようである。関東大震災はマグニチュード７・９であったが、今回の地震はマグニチュード９であり、関東大震災の約45倍の地震であるので、「異常に巨大な天災地変」に認定される余地はあり得るとの指摘がある（原子力損害賠償実務研究会『原子力損害賠償の実務』18頁民事法研究会２０１１年）。

しかしながら、今回の大地震について、政府答弁（文部科学省大臣官房審議官）によると、『異常に巨大な天災地変』かどうかの判断は、常に最新の知識に基づいてもなお到底予想し得ないような天災地変であったか否かが基準となる……今回の東北地方太平洋沖地震は、マグニチュードで言いますと９・０ということで、確かに巨大な地震ではございましたけれども、例えば、20世紀に入って以降でも、チリ地震マグニチュード９・５ですとか、アラスカ地震９・２ということで、今回の地震を超えるような地震を経験しておりますので、……但書には当たらないという判断であった」という（柳沼充彦「原子力損害賠償法の見直しに向けた課題」『立法と調査』３６１号10頁２０１５年）。

②国の財政負担の覚悟

政府は、立法当時においては、異常に巨大な天災地変であっても、原子力事業者に責任を負わせ、国も事業者を援助して事故の場合は無限責任を引き受けるという覚悟があったようである。

無限責任という立法をした理由について、次のような指摘がある。すなわち、昭和34年に科学技術庁が社団法人日本原子力産業会議に調査を委託して提出された「大型原子炉の事故の理論的可能性及び公衆損害額に関する試算」によれば、仮想の敷地を想定し、熱出力50万kWの原子炉を設置して、気象条件など諸条件を設定した上で、一定の放射線の放出があった場合、当時の貨幣価値で最大約3兆７００億円の損害が発生することが明らかになっていた。この報告書については、科学技術庁原子力局長から、次のような答弁がなされたという（上記柳沼論文8頁）。すなわち、「試算をいただいたことは事実でございます。ただ、結果的にはこれはこの法案には直接反映しなかったということでございまして、……この責任を有限にするか無限にするかということで、仮にこれを有限にするということになりますと被害想定というのは非常に重要な意味を持つわけでございますが、結果的には世界では数少ない無限責任というのをとったということもそういう一つの理由であったとは思いますけれども、直接これを活用したということは私どもは聞いておらないわけでございます」、という。原子力損害賠償法制定当時においては、国は巨額の無限責任もやむを得ないことの概略は覚悟していたといえよう。

昭和36年の3兆７００億円は、現在価値で言えばどの程度なのか気になるところである。

日本銀行のホームページによると、昭和40年の１万円は、企業物価指数でみると令和４年の約２・３倍の２・３万円、また消費者物価指数でみると約４・３倍の４・３万円になると記載されている。そうだとすると、昭和36年の３兆７００億円は不確かではあるがおよそ令和４年の約10兆円程度以上になると思われる。

しかしながら、国は、このような巨額のリスクの認識のもとに原子力発電を推進してきたはずであるのに、実際上は関東大震災の約45倍の今回の巨大地震について、福島原子力発電事故当時の政権は、「小さな援助」を目指したのである。援助を小さくすれば、それは主として電気利用者及び東電株主などの損失の上にしか成り立たない政策になる。

原子力損害賠償法制定当時の政府が、巨額の無限責任もやむを得ないと覚悟していたことを全く引き継がないで、事故当時の政権は、ひたすら原子力損害の無限責任の財政負担から逃げる「援助」を立法化したわけである。

１－３　原子力損害賠償支援機構法による国の「援助」の不当性

東日本大震災に伴う東京電力福島第一原子力発電所での巨大な原発事故が起こったときに、政府には、原子力発電はもう止めだ、あるいは電力会社も自由競争社会の一員として自己責任が原則であるとの主張がみられた。この主張は、国の財政負担を回避する目的にも有用である。政府は、公益事業に出資する株主が福島原発事故によって被った経済的不利益を補償するどころか、東電の財産の処分を強制し、破綻スキームまがいの要求を原子力事業者に突きつけ、また東電債権者に対しても債務の減免を求めたことはすでに述べたところである。

原子力損害賠償機構法に基づき制定された特別事業計画により、国は１兆円の資本注入を前提にして、原子力損害賠償法上の東電への「援助」を行い、原子力損害賠償機構が東電の支配株主となった。これは、原子力損害賠償法が定める目的に適合する「援助」とはいえないものである。

原子力損害賠償法が求める国の「援助」は、原子力事業の健全な発達に資するものでなければならない。しかしながら、国は1兆円の支出はするけれども、それによって東電を支配下に置いて東電が損害賠償債務の履行を滞りなくさせるための会社経営を国が管理監督するということでは、東電の原子力事業の健全な発達は到底望めない。政府といえども、「援助」という名目のもとに東電を損害賠償させるためのゾンビにさせるような経営介入をすることは、東電及び東電株主の憲法上の財産権（経営の自由）を奪うことに他ならず、憲法違反である。債権者である金融機関にとっても甚だ迷惑なことであり、東電に対する新規の融資は期待できなくなっている。

●政治的な人災の断定

——東京電力福島発電所事故調査委員会報告書（国会事故調）

福島原発事故の損害賠償責任は、原子力損害賠償法によって、原子力事業者に過失の有無を問わずに責任を負わせ、国もその支払いをする東電に対して援助することになっている。人災でなくても、「異常に巨大な天災地変」でなければ、被害者は確実に損害賠償請求ができることになっている（絶対責任）。しかしながら、福島原発事故後の早い段階で、国会の事故調査委員会は、福島原発の事故は、人災であったと断定した。政府は、何ゆえこのような政治的なメッセージを発出したのか不可解ではある。詳しく見てみよう。

調査委員会委員長の「はじめに」において、次のように指摘している。すなわち、「……3・11の日、広範囲に及ぶ巨大地震、津波という自然災害と、それによって引き起こされた原子力災害への対応は、極めて困難なものであったことは疑いもない。しかも、この50年で初めてとなる歴史的な政権交代からわずか18か月の新政権下でこの事故を迎えた。当時の政府、規制当局、そして事業者は、原子力のシビアアクシデント（過酷事故）における心の準備や、各自の地位に伴う責任の重さへの理解、そして、それを果たす覚悟はあったのか、『想定外』『確認してない』などというばかりで危機管理能力を問われ、日本のみならず、世界に大きな影響を与えるような被害の拡大を招いた。この事故が『人災』であ

発行済み普通株式	1,607,017,531 株
発行済みＡ種優先株式	1,600,000,000 株
発行済みＢ種優先株式	340,000,000 株

ることは明らかで、歴代及び当時の政府、規制当局、そして事業者である東京電力による、人々の命と社会を守るという責任感の欠如があった。……」という。そして、「当委員会は、本事故の根源的原因は歴代の規制当局と東電との関係について、『規制する立場とされる立場が〈逆転関係〉となることによる原子力安全についての監視・監督機能の崩壊』が起きた点に求められると認識する。何度も事前に対策を立てるチャンスがあったことに鑑みれば、今回の事故は、『自然災害』ではなくて、明らかに『人災』である」（報告書12頁）と断定している。しかし、その意味するところは、最高裁判所の上記判決を照らし合わせると、何を意味しているのか不可解である。

原子力損害賠償・廃炉等支援機構は、１兆円の出資によってＡ種優先株式およびＢ種優先株式を取得して、東電株式の54・７％の保有割合の大株主となっている。

ちなみに東電定款によると、A種優先株式は、普通株と同様の議決権を有するが、B種優先株式は、原則として議決権は有しないこととされている。

東電ホールディングスは、原子力損害賠償・廃炉等支援機構の子会社となってしまったのである。

原子力損害賠償の無過失責任（絶対責任）を課せられた東電が、国から原子力損害賠償法16条の「援助」を受けるために、どうして国に支配権を剥奪されるのか、理由が不明である。

「援助」は、同法の目的を達成するため必要があるときになされるが、具体的には被害者の保護を図り、及び原子力事業の健全な発達に資するためになされるのであって、原子力事業者の株主や債権者の利益をないがしろにすることは許されないといえる。

東電の既存株主には、このような種類株式の発行によって、その持分権は約半分に希釈化されるわけであり、そのような援助に対して反対であるのに、「援助」をしてもらうためには抵抗することができなかったといえよう。もちろん当時の東電経営者は、国による支配権取得に対してはかなり抵抗したようである。しかしながら、国から「援助」を受けなければならないことから、このような条件を飲ませる特別計画に応じざるを得なかったものと思われる。

それから約10年がたち、東電福島原発事故は人災ではなかったという最高裁判所の判決が出た今になっては、当時の政権が、事故は東電による人災だという前提で行ってきた政策の是正が不可避である。すなわち、原子力損害賠償法上の「援助」をあたかも経営に失敗した破綻企業の再生手続きのごとくに解釈して、債権者及び株主に負担を求め、かつ東電の資本にニューマネーを投入して支配権を奪取するという政策をとり、原子力損害賠償については財政的負担を徹底的に回避する姿勢をとったことに対する是正策が急務である。原子力事業者の支配権を奪ったことの正当化理由は、もはや全く存在しないからである。

東電株主としては、国に対して発行した種類株が無効であることを主張すべきことになったといえる。しかし、裁判所に訴えて国が取得した種類株式は無効であることの確認を求める方法は、今となっては手遅れである。しかし東電株主が、国に対して発行した種類株式についての救済措置をとることはなお不可能ではないとはいえる。公開会社の取締役会は、少数株主の利益を十分考慮しなければならず、少数株主の犠牲において大株主の利益を図ることは許されない。大株主である国が事実上選んでいると思われる東電取締役会が、はたして国に対して少数東電株主の権利のために行動を起こせるかどうかが課題となろう。

1―4　原子力損害賠償・廃炉等支援機構による国の財政負担の軽減と東電株主の権利制限

国が原子力発電の支配株主になると、国はどうしても財政負担の軽減を優先して、電力会社の株主の権利を侵害してしまう危険性が高くなること（利益相反問題）を認識すべきである。

このことを理解するために、フランスの原子力発電における株主の財産権についての記事を紹介したい。ロマン・ジスラー「フランスの原子力発電：１００％国有化の理由と課題」（自然エネルギー財団連載コラム２０２２年8月23日）によると、エマニュエル・マクロン大統領は、２０２２年2月10日に原子力発電を今後も支援する方針を示し、国営の電力会社（ＥＤＦ）を再び１００％国有化することをエリザベート・ボルヌ首相が7月6日に表明した（従来は株式の84％を政府が保有）。なぜフランス政府はＥＤＦを１００％国有の事業体に戻すことを決定したのかについて、次のように指摘している。すなわち、「この決定には２つの目的がある。第１に電力セクターのエネルギー転換とエネルギー安全保障を政府が完全にコントロールするため。第２に少数株主に不満をもたらすような状況を終わりにする。これまで電力の利用者を守るために、ＥＤＦの利益を犠牲にするような政治的な決断を実行してきた。……少数株主が保有する16％の資本（株式と転換社債）を取得する費用は97億ユーロ（約13兆円）に達する見通しだ」という。

１－５　東電の損害額

東京地裁が示した東電の損害額

原子力損害賠償として東電がどれぐらいの額を負担し、国は原子力損害賠償や廃炉等に関してどのような額の援助をしたのか不透明である。このことに気づかせてくれたのは、前述した東京地裁の13兆円判決（１０５頁）である。

東京地裁は、東電役員の会社法上の任務懈怠責任を追及する株主代表訴訟の判決において、東電が事故によって被った東電の損害額が13兆３２１０億円であるとして、被告の東電役員が東電にこれを支払うように命じた。

裁判所は、①廃炉・汚染水対策費用１兆６１５０億円、②被災者に対する損害賠償費用７兆８３４億円、及び③除染・中間貯蔵対策費用４兆６２２６億円は、東京電力がこれを負担することになると判示して、これらの合計額13兆３２１０億円が東京電力の損害であり、被告らの任務懈怠の損害となると判決した。

しかし、このような巨額の損害賠償を命じるのに、裁判所の損害額の認定が極めて杜撰であることは、前述した。

1－6　政権により異なる「援助」の内容

政権が交代すると、東電の負担を限定させる国民負担の方針が政府決定され、『朝日新聞』２０１３年12月19日によると、「東京電力福島第一原発事故の対応をめぐる政府の新たな支援策が固まった。……事故処理にかかる費用は、大きく賠償、除染、廃炉の３つがある。民主党政権が決めた今の枠組みは、東電がこれらの費用を原則として負担することになっている。政府は、東電株の過半数を持つ原子力賠償支援機構を通じ、賠償や除染の費用を無利子で5兆円まで融通するのにとどめていた。新たにまとめた復興加速化案では、『福島の再生を滞りなく進めるため、国と東電の役割分担を明確にする』と明記。来年度予算で東電への無利子の支援枠を４兆円増やして９兆円とする。さらに、新たに生じる除染などは、政府が『公共事業』として実施する。……利用者が電気料金とセットで支払う『電源開発促進税』を財源に充て、東電の負担分を肩代わりする」という。この後の具体的展開については割愛させてもらうが、その後、２０１６年12月に閣議決定された「原子力災害からの福島復興の加速のための基本方針」において、国は東京電力の上記の東電株式売却益で除染の費用４兆円を回収する方針であることが定められたという。

　そうだとすると、上記の東京地裁の約13兆円の損害は、実質的には東電は負担しないものが含まれることとなり、東京地方裁判所は損害額の算定について実に無責任な判決をしたと言わざるを得ない。もっとも、東電株主代表訴訟において、そもそも損害賠償額は巨額であり、役員であった被告にとっては、たとえ４兆円が減じられてもとても払える賠償金額ではないので、これを特に争わなかったのかもしれない。これにより、東電が負担する巨額の損失が、実際よりも大きく映し出されることとなっている。東京電力にとってはマイナスイメージの拡大となり、投資家に対してはもちろんのこと、従業員や取引先にも大きな不安を与えるものだといえよう。

しかしながら、東京地裁の裁判官ですらが、除染費用は当然に東電の負担になるとの誤解を生じさせていることこそが問題であると思われる。東電の事故による負担額を検討するために、入手できた資料を見てみよう。福島原発事故の損害賠償及び廃炉等の費用の総額について、公的な資料として、「確保すべき資金の全体像と東電と国の役割分担」（資源エネルギー庁２０２０年８月「原子力関連の賠償過去分・廃炉会計費用に係る措置について」）の以下の数値から明らかである。

廃炉・汚染水８兆円について、

東電８・０兆円　　国は研究開発支援累計で０・２兆円

賠償７・９兆円について、

東電３・９兆円　大手電力３・７兆円　新電力０・24兆円

除染４・０兆円について、

東電４・０兆円　国の負担として株式売却益を想定

中間貯蔵１・６兆円について、

国のエネルギー予算を想定

このような公的資料によれば、東電が実際に負担する損害賠償額は３・９兆円であったことがわかる。東京地裁の13兆判決は、国民の司法に対する信頼性を揺るがすほどの杜撰さであったが、東電のゾンビのような巨額の責任負担状況を垣間見せてくれたことにはなっている。

１－７　国の負担から国民負担への転嫁

さらにややこしいのは、電気料金への負担上乗せの動きである。

『エコノミスト』「10月から〝こっそり〟と電気料金に上乗せされた原発賠償金＝編集部」（２０２１年11月1日）は、次のように報じている。すなわち、「大手電力会社による電気料金の値上げの動きが注目されているなか、10月から電気料金に上乗せされたものが二つある。２０１１年に発生した福島第一原発事故の『賠償負担金』。そして『廃炉円滑化負担金』だ。賠償負担金は、福島原発事故によって足りなくなった賠償措置額の不足分を、電気の消費者（国民）に負担させるものだ。不足額は２・４兆円にも達する。一方、廃炉円滑化負担金は、福島原発事故以降、各電力会社は所有する原発の一部を廃炉にする決定を行ったが、廃炉には莫大なコストがかかるため、その一部を国民に負担させる。負担額は４７４０億円だ。電力会社は、16年に『発送電分離』している。このため賠償負担金と廃炉円滑化負担金は、電力小売会社が電気を売る際に、送電会社に支払う託送料金（電線使用料）に加算される。ただし、電力各社で経営状況が異なるため、託送料金に加算されても、実際の各家庭への電気料金請求では、値上げをせずに済む電力会社もある。値上げ予定の電力会社は、東北、関西、四国、九州電力の4社。このうち、東北電力は当面、値上げは行わず、上乗せ分は実質的に同社の負担とし、今後の情勢を見て値上げを検討する」という。

この報道による賠償負担金・廃炉円滑化負担金に関する制度は、令和2年4月から施行された。このことについて、消費者委員会公共料金等専門調査会電力託送料金に関する調査会による「賠償負担金・廃炉円滑化負担金の算入に伴う電力託送料金変更案の算定に関する電力託送料金に関する調査会意見」（令和2年8月28日）によると、賠償負担金は、福島第一原子力発電所事故後に導入された賠償への備え（原子力損害賠償・廃炉等支援機構法に基づく一般負担金）に関して、事故前に確保すべきであった不足分を託送料金の仕組みを利用して需要家から回収するものである。被災者・被災企業への賠償については、福島第一原子力発電所の事故前には確保されていなかった分の賠償の備え（上限2・4兆円）を広く需要家全体の負担として、令和2年以降40年程度にわたって回収することとし、そのために必要な託送料金の見直し等の制度整備を行う旨の閣議決定を踏まえ、平成29年に託送料金により回収する制度措置（電気事業法施行規則等の省令改正）がなされた。

『朝日新聞』（２０２２年11月8日）によると、会計検査院が２０２１年度までにかかった費用を調べたところ、被災者らへの賠償が７兆１４７２億円、除染関係が２兆９９５４億円、廃炉・汚染水対策が１兆７０１９億円となっていた。現状で約12・1兆円になっており、廃炉費がさらに膨らむおそれがあるという。同新聞によると、政府は、想定損害額はさらに膨らむおそれがあり、廃炉・汚染水8兆円、賠償7・9兆円、除染4兆円、中間貯蔵1・6兆円と見込んでいるという。

　最も費用がかかるとされるのが廃炉・汚染水対策で、汚染水を処理して海洋放出する場合は最大総額41兆円、放出しない場合は81兆円との見通しを示す民間のシンクタンクの試算を引用していた。

原子力損害賠償法上の東電の無過失責任による賠償責任について、以上のように東電が破綻することがないような「援助」はなされている（原賠法16条）。廃炉等の費用は、東電が無過失責任を負う原子力損害との位置づけには当たらないともいえるが、事故対応には必要な費用であり、原子力損害賠償・廃炉等支援機構はこれらの事故対応費用を支援し、電気料金からの回収を行うスキームを認めている。

福島原子力発電所の事故について、最高裁判所判決が人災説を否定したのに賠償や廃炉等について東電の負担に対する実質上の援助を行わずそのままにして、国は、原子力損害賠償・廃炉等支援機構を通じて国債を交付し、電気料金からの回収、あるいは株式売却による費用負担を計画している。しかし、国のはっきりした責任負担自体がぼやかされたままであり、東電は、あたかも無限責任の闇にあえぐ破産財団のようになっている。

1－8　東京電力をゾンビにさせない方法

原子力損害賠償法は、原子力損害について原子力事業者に無過失責任（絶対責任）を負わせ、国は原子力事業者に対して援助するというスキームは、前述したように政権により「援助」の内容が少し異なるようであり、またその援助の全体像が国民に対して必ずしも明確にされていないままであるように思われる。

また、国は、福島原発事故を契機として、電力自由化に舵を大きく切り、電力事業者間の競争が開始されている。そのような中で、東電は、原子力損害賠償等の無過失責任を無限に負わされながら、その費用回収に欠かせない安定した電気料金収入が期待できなくなり、東電株主の負担が増大するばかりである。ゾンビ企業のような印象が広がっている。

東電がゾンビ企業とされかねない大きな理由としては、過酷事故による住環境汚染からの回復及び廃炉や汚染水処理後の海洋放出等の災害復興対策の費用について、これらの国の主体者責任が必ずしも明確にされてこなかったことに大きな問題があると思われる。国は、エネルギー基本方針においては、これらの課題に対する責任を果たすことを当然の前提としているのであろうが、その方針が原子力損害賠償・廃炉等支援機構による東電に対する支援において明確にされていない。

東京地裁の上記判決の裁判官が想定した東電のゾンビ的企業像は、東京証券取引所のプライム上場企業である東電の投資家にとっても同じことになっているように思われる。

東電の企業内容の開示はされているが、最終的にどれだけの債務を負担することになるのか、その全体像が明らかとはいえない。

東電はプライム市場の上場企業であるが、原子力損害賠償や廃炉費用等の債務の限度が明らかにされないままに、東電株の売買が行われるのでは、投資家はリスク判断ができないし、東電が国の管理下に置かれたままでは将来に向けた発展も期待できないことを意味する。

原子力損害賠償・廃炉等支援機構は、東電の原子力損害賠償等の債務を一括して引き受けるというスキームを立ち上げて、東電の本来の経営の健全化をはかり、日本のエネルギー政策の担い手としての東電の役割を果たさせるべきではないか。それこそが、原子力損害賠償法が定める目的にかなう「援助」だといえよう。

さらにいえば、東電が負担する除染4兆円は、国の負担に変更し、東電から取得した優先株式の売却益を充てるというが、株式を売却すれば、市場には大量の株式が流通することになる。国以外の少数株主の持分権の希釈化が現実となるわけで、東電株主としては、国のこのような除染についての援助方法は、東電株主の財産権の侵害となるから、これを容認できないものといえる。東電株主は、国による除染費の補助が自分たちの持分価値のとんでもない希釈化の危険性を容認しているのであろうか。実にややこしいのである。

国は、そもそも除染は、復興事業として行うべきであり、東電を介さずに、自らが財政上の措置をとるべきではなかろうか。国は、東電の支配株主として、東電少数株主の負担において、財政負担軽減を優先させるという利益相反を止めるべきである。

国は、東日本大震災復興基本法を成立させて、復興税の負担を国民に対して求めており、これによる財源によって原子力損害賠償及び除染やＡＬＰＳ海洋放出の費用を賄うべきであろう。

しかるに、国は、原子力損害賠償法による「援助」において、原子力損害賠償責任等を何ら分担せず、賠償費用の資金繰りのために交付国債を用意するだけであり、その国債は東電及び他の電力会社の負担によって償還されるだけである。国は、大震災による原発事故について、国が被害者の救済を行うために、東電に無過失責任を負わせて、国がこれを援助するというスキームをとったはずであるのに、国は被害者への損害賠償をかたくなに拒んでいるようである。国が、原子力損害賠償の費用を東電株主の財産権侵害に依拠し続けるのは、憲法違反であるし、原子力発電を推進してきた国の品格が問われる事態であるといえよう。国には、財政上の困難があるのかもしれないが、原子力事故はいわば国難であり、国民からの復興税の負担による財源によるべきであろう。

1－9　被害者は国による損害賠償を求めている

●住民訴訟による請求

原子力損害賠償法により、東電が絶対責任を負わされているのにもかかわらず、被害者住民等訴訟では、原子力発電を推進してきた国の責任を求めている。典型例として、福島県宮城県茨城県栃木県の被災住民らが、人格権又は東電に対しては民法７０９条、国に対しては国賠法１条１項に基づき空間放射線量率の原状回復を求めるとともに、東電に対しては主位的に民法７０９条、７１０条、予備的に原賠法３条１項に基づき、国に対しては国賠法１条１項、民法７１０条に基づき平穏生活権侵害による慰謝料等の損害賠償請求を提訴した。原審は、原状回復請求を不適法であると却下し、平穏生活侵害に基づく損害賠償請求については、東電に対する民法７０９条、７１０条による主位的請求を全部棄却した上で、予備的請求の原賠法３条１項に基づき東電に対する請求の一部を認容した。国に対する請求については、東電に対する認容額の2分の1の額を認容した。

裁判所は、原子力発電所の設置・運営は、原子力利用の一環として国家のエネルギー政策に深くかかわる問題であり、わが国においては、一審被告国がその推進政策を採用し、原子力発電所に高い安全性を求めることを明示しつつ、自らの責任において、一審被告東電に福島第一原発の運転を許可し、その後も許可を維持してきたものである等の本件に現れた諸事情を総合考慮すれば、本件事故によって損害を被ったものとの対外的な関係において、一審被告国の立場が二次的・補完的であることを根拠として、その責任の範囲を発生した損害の一部のみに限定することは、相当でない。一審被告東電及び一審被告国は、一審原告らに係る損害全体についての損害賠償義務を負い、これらは不真正連帯債務の関係に立つ、として、国の全面的な責任を明確にさせている。

高裁レベルでは、令和3年1月の東京高裁が国の責任を認めなかったが、右記仙台高裁のほか令和3年2月東京高裁、3年9月高松高裁の3高裁で国の責任が認められていた。

高松高裁も、第一審被告国の損害賠償責任の範囲について、本件事故は、第一審被告国の規制権限不行使と、第一審被告東電による福島第一原発の運転等が相まって発生したものと認められるから、第一審被告国と第一審被告東電は、第一審原告らに発生した損害について、それぞれ全額賠償責任を負い、これらは不真正連帯の関係に立つと解する、と判示した。

『産経新聞』（sankei.com）（２０２２年6月17日）によると、国の原発事故避難者訴訟の国の責任を認容したのは、地裁レベルでは、平成29年3月前橋地裁、10月福島地裁、30年3月京都地裁、東京地裁、31年横浜地裁、3月松山地裁、令和2年3月札幌地裁、3年3月福島（いわき）地裁、7月福島（郡山）地裁、の9件であった。他方、国の責任を認めなかったのは、平成29年9月千葉地裁、31年3月千葉地裁、令和元年8月名古屋地裁、12月山形地裁、2年6月福岡地裁、8月仙台地裁、10月東京地裁、3年新潟地裁、4年さいたま地裁、6月福島（郡山）地裁の10件であった。

1－10　最高裁判所裁判官の補足意見における国の責任

国の責任を認めなかった前述の最高裁判所判決において、補足意見では、次のように述べて国の責任のとり方に言及がされている。すなわち、「事本的には、原子力発電は、リスクもあるものの、エネルギー政策、科学技術振興政策等のため必要なものとして、国を挙げて推進したものであって、各電力会社は、いわばその国策に従い、関係法令（「原子力基本法」、「核原料物質、核燃料物質及び原子炉の規制に関する法律」、「電気事業法」、「発電用原子力設備に関する技術基準を定める省令」等）の下、発電用原子炉の設置の許可を受け、国の定める諸基準に従って原子力発電所を建設し、発電用原子炉を維持していたのであるから、本件事故のような大規模な災害が生じた場合は、電力会社以上に国がその結果を引き受けるべきであり、本来は、国が、過失の有無に関係なく、被害者の救済における最大の責任を担うべきと考える。国策として、法令の下で原子力発電事業が行われてきた以上、これによる大規模災害については、被害者となってしまった特定の人達にのみ負担をしわ寄せするのではなく、損失補償の考え方に準じ、国が補償の任を担うべきであり、それは結局、電力の受益者であって国の実体をなす国民が広く補償を分担することになる。……これに近い仕組みとして、原子力損害の賠償に関する法律が設けられており、……本件事故後、原子力損害賠償機構が設立され、同機構を通じて、損害賠償等の資金として、国から東京電力に対してすでに約10兆円に上る資金援助がされ、これにより被害者に対する支払い等が実行されており、国は復興庁を新設するなどして、被災地域復興のための取り組みを進めてきた」という。

最高裁判所は、この訴訟における国の責任については認めなかったが、東電に対する責任追及についての上告及び上告受理については、すでに3月2日、7日、及び30日に決定を行い、東京電力の損害賠償責任を認めた各控訴審判決が確定している。つまり最高裁判所は、被災住民による東電に対する損害賠償請求については、原子力損害賠償法を根拠として原告勝訴の判断をしているのである。最高裁判所は、いわゆる原賠審の中間指針の基準を超える損害賠償を東電に命じたことになる。

最高裁判所は、東電に過失のあるなしにかかわらず、東電が損害賠償責任を負わされることを当然のように考えているのかもしれないが、補足意見では、「本件事故のような大規模な災害が生じた場合は、電力会社以上に国がその結果を引き受けるべきであり」として東電よりも国こそが責任主体となるべきことを指摘したことに留意すべきである。

しかしながら補足意見に見られる「国から東京電力に対してすでに約10兆円に上る資金援助がされ」という理解は、国が損害賠償の資金繰りだけの援助をしている国への評価であるのか、誤解でなければと思う次第である。国から真水の10兆円の資金援助などはなされていないことは、すでに何度も指摘してきたところである。

国は、原子力損害賠償法上の原子力事業者に対する「援助」において、東電に対してたしかに1兆円の資金注入はしたのであるが、それは東電の支配株主となるための方便であり、被害者に対する損害賠償の直接的な責任負担は回避している。国が、東電の損害賠償責任に対して「援助」しているといえば、多くの人々は、それが真水の資金援助だと思ってしまうが、国は財政上の負担をせずに、東電を乗っ取り、東電株主の負担において、原子力損害賠償法上の損害賠償責任をもっぱら東電にさせている。

●国の支配権から東電を解放する東京電力株主総会決議――私案

原子力損害賠償法上の「援助」において、国が行った東電株主権の憲法上の財産権の侵害に対して、原子力事業者がその救済を求める方法は、原子力損害賠償法および原子力損害賠償・廃炉等支援機構法には何ら規定されていないようである。

国は、原子力損害賠償法上の「援助」の条件として東電の支配権を取得し、電力自由化を一層進めて、福島原子力事故により生じる費用の電気料金からの回収を著しく困難にさせた。国が「援助」において原子力事業者の支配権取得のためにニューマネーを投入することは、原子力損害賠償法上の「援助」の目的を逸脱する違法性があり、東京電力及び東電株主の財産権（憲法29条）を不当に侵害するものである。

右にみたような国の政策に対しては、それらが会社法上の種類株式の発行および取得を通じてなされていることから、会社法上の制度を利用した救済策を行うことが有益であると思われる。

会社法が規定する株主総会決議によって、国が取得したA種優先株式およびB種優先株式について、これらを無議決株式に変更させ、またこれらの優先株を取得条項付種類株式に変更する定数変更を行う。そして、このような定数変更を受けたA種優先株およびB種優先株を会社が無償取得する株主総会決議を行うことが考えられる。そして、これら種類株式を消却するのである。

●株主総会決議による国の支配権からの離脱の具体的プロセス案

①定款変更　７条の２（優先株式の無議決権株式への変更）

国の支配権によるガバナンス上の権利を消滅させるために、国が保有する優先株式（A種類株及びB種類株）の議決権は、すべて削除する。

②定款変更　７条の３（優先株式の全部取得条項付株式への変更）

定款７条に定める優先株式は、全部取得条項付種類株式とする。

③株主総会による優先株式の無償取得の決議

会社は、国の不当な支配権からの脱却のために、上記定款変更により全部取得条項付株式となったＡ種優先株式及びＢ種優先株式を無償で取得する。

そもそも国が「援助」として原子力事業者の資本に資金を注入することは、原子力損害賠償法においては想定されておらず、注入された資金は原子力損害賠償法の定める「援助」のために支出されたとみなすべきであって、東電はこれを返済する必要はない。

『電気新聞』（２０２３年４月27日）によると、原子力損害賠償・廃炉等支援機構に対する東電の負担金は、一般負担金と特別負担金を合わせて累計約1兆１７４４億円となっているという。

これによると、東電はすでに損害賠償責任の負担金として原子力損害賠償・廃炉等支援機構に１兆円以上を支払っているから、国が原子力損害賠償法上想定できない方法による「援助」は、その本来の目的である「被害者に対する損害賠償」に振り向けざるを得ず、そのニューマネー相当額はすでに損害賠償として支払っていることになる。

したがって、国が注入した資金の返済は不要であることから、優先株式の消却の対価は無償となる。

理由1　不当な支配権取得によるガバナンスへの参加を認めないこと

優先株式の保有者は国だけであるが、福島原発事故が人災であるとの時の政権の主張によって、原子力損害賠償法上の東電への「援助」を行う条件として、優先株式を引き受けることにより東電の支配権を取得した。ところが、最高裁判所は、２０２２年6月17日判決において、経済産業大臣による監督責任を否定し、福島原発事故が人災ではなかったと判示した。国はその政策として東電の支配権を維持する正当化理由を失ったといえる。

また、原子力損害賠償法上の国の「援助」は、被害者の保護を図り、および原子力事業の健全な発達に資するものでなければならず、原子力事業者の破綻をはじめから想定してニューマネーの注入によって原子力事業者の支配権を奪うことは、同法に違反している。国が、原子力損害賠償法上の「援助」に名を借りて、東京電力の支配権を取得したことは、憲法上保護される東電及び東電株主の財産権の侵害となる。

このような不当な支配権の取得によって、国が東電のガバナンスに影響力を行使することは許されない。そこで、国が保有する株式を無議決権株式とする定款変更を行う。

理由2　支配株主の利益相反の弊害除去

国は、東電の支配権取得後において、財政上の利益（負担軽減）と東電株主の利益とが相反する事態に対して、財政上の利益を優先し、東電株主の利益を劣後させている。

特別事業計画において、損害賠償責任のために財政上の支出を軽減させ、少数株主に対しては、配当を抑制させて損害賠償の負担を強制させてきている。

さらには、国は保有する優先株式を売却することにより除染費用についての東電への援助を行うことを予定しているが、これは東電少数株主の持分権の希釈化の負担において国が東電に「援助」することとなり、東電少数株主は、その本来の持分権の経済的価値を奪われることが現実化する。国は、原子力損害の財政上の負担を軽減させて東電少数株主の利益を蹂躙しようとしている。

優先株式の無議決権化は、国の東電に対する支配権を奪還することであり、東電及び東電少数株主の自力救済の権利である。株主総会決議による優先株式の消却は、国の原子力損害賠償法上の違法な「援助」の是正措置である。

国の資本注入という「援助」は、原子力損害賠償法の定める目的、すなわち、「被害者の保護を図り、および原子力事業の健全な発達に資する」ことに適合する「援助」の方法とは言えない。そうだとすれば国が出資と位置づける1兆円は、すでに被害者に対する損害賠償の費用として機構に対して支出してしまったと観念できる。国が優先株主だと言い張って消却に反対できる実質的な利益はもはや存在していない。

さらにいえば、国は、規制当局者であり、しかも種類株式を通じて会社の支配者であることから、規制を受ける一般株主（少数株主）とは構造的に利益相反の関係にあり、少数株主の財産権回復のための株主総会において、議決権が認められないだけでなく、利益相反する種類株主として「意見を述べる」権利行使もできないと解される。

前述した①及び②の定款変更決議及び③無償取得・消却決議は、優先株主を除外した少数株主だけによる多数決（MAJORITY OF MINORITY）によって決議しなければならない。以上の①ないし③の株主総会決議によって、国が保有する優先株式は会社が無償で全部消却することが可能となる。

東京電力のコーポレート・ガバナンスは、社外取締役が過半数であるというすぐれた取締役会制度を採用している。原子力損害賠償法上の国の「援助」のスキームにより理不尽なガバナンスを強制されてきた東電は、抜本的なガバナンスの改革を要求すべきであり、さしあたっては社外取締役が中心となって東電少数株主の権利の回復のための自力救済に手をつけることが期待される。

2、国の電力政策の展開

電気事業は、公益事業会社によって運営されるものだというのが歴史的な展開であった。もしも、電力会社が株主利益の最大化の企業活動をしてよいのであれば、大規模の需要家を優先して辺鄙な地域の送電を断り、あるいは電力の安定供給のための設備投資（原子力発電）を避けることになるかもしれない。

電力の自由化を導入するのであれば、原子力発電所を抱えた大手電力は、そのような巨額施設を持たずに供給義務もなくスポットで余剰電力を供給するような事業者と対等な価格競争ができない。イコール・フッティングな競争はできないことをどう考えるのかということが課題となっている。原子力発電所の投資回収は40年以上の長期にわたるため、これまでは総括原価方式が、資金調達を支えていた。しかし、自由化で総括原価主義のはしごを外されると、大きな固定費を抱えたままの大手電力は価格競争に足かせをはめられることとなる。

2-1　電力システム改革専門委員会報告書

しかしながら、東電福島原発事故を契機として、国は電気事業の改革に乗り出したのである。資源エネルギー庁「電力システム改革専門委員会報告書」(2013年2月)を見てみよう。報告書は、「東日本大震災がもたらした環境変化」として、「低廉で安定的な電力供給は、これからも我が国経済社会にとって必要である。ただ、東日本大震災による原子力発電所の事故やその後の電力需給のひっ迫を契機に、これまでと同様の電力システムを維持したのでは、将来、低廉で安定的な電力供給を確保できなくなる可能性があることが明らかになった」という。

そして、電力システム改革について、「こうしたパラダイムシフトの中、競争が不十分であるというこれまでの課題や震災を機に顕在化した政策課題に対応するためには、垂直一貫体制による地域独占、総括原価方式による投資回収の保証、大規模電源の確保と各地域への供給保証等といった我が国の電力供給構造全体をシステムとして捉えた上で、包括的な改革を行うことが必要となる。これまで料金規制と地域独占によって実現しようとしてきた『安定的な電力供給』を、国民に開かれた電力システムの下で、事業者や需要家の『選択』や『競争』を通じた創意工夫によって実現する方策が電力システム改革である」という。

そして、このような国のエネルギー政策によって、２０１５年４月に電力広域的運営推進機関が発足し、２０１６年４月に家庭用を含めた小売り全面自由化がなされ、２０２０年４月に送配電部門の法的分離がなされ、電力自由化が行われてきた。

この電力自由化の当然の帰結といえるのであろうが、旧一般電気事業者は、供給余力を維持する余裕を失い、古い化石燃料電源を廃止せざるを得なくなったことから、供給力が減少している。小売市場の全面自由化がなされたが、旧一般電気事業者は、競争が進展するまでの経過措置として低圧供給分野（主に家庭用）において料金規制と供給義務が維持されている。この経過措置は、２０２０年4月以降に解除されることが改正電気事業法の附則に規定されているが、その解除は見送られている。２０２３年春時点で家庭用小売価格の値上げが申請されたのは、この料金である（泉水文雄「電力市場の今後」『ジュリスト』１５８１号39頁２０２３年）。

『日本経済新聞』２０２３年2月28日の記事は、「新電力に流れた『罰』か」という見出しの下で、電力難民いまだ4万件として、大手以外の新電力と呼ばれる電力小売りが相次いで顧客企業との契約更新ができなくなっているが、困った企業が大手電力に戻ろうとしても、大手側は卸電力市場の相場と連動したプランしか用意できなかった。電気の契約を失った企業に必ず電気を届けるセーフティネット「最終保障供給」の利用社数が高止まりしている、と報じていた。

そもそも、アメリカではじまった電力自由化は、電気の供給に余剰が生じたことがきっかけであった。発電が誰にも容易になったのである。それが要因であったことを忘れるべきではない。天然ガスを容易に電気に変える技術革新が大きな役割を果たしたようである。

原子力発電などが重荷になったことはもちろんであるが、電力会社は、発電所設備を保有することさえ必要としなくなったようである。電力自由化によって期待された利益は、電力会社の投資家に向けたものであり、電力会社は発電施設を売却して手元流動性を高め、これにより自社株を取得したり、ガス会社を買収したり、あるいは新規ビジネスに参入するなどが期待された。つまり、電力会社の株主利益の最大化のための電力自由化であった(「電力自由化に見る変革と評価」電力投資環境と経営革新・米国調査団報告・電気新聞海外シリーズ４号17頁１９９９年)。

これとの比較では、わが国の電力自由化は、消費者等の電気代が競争により安くなるのではないかとか、グリーンエネルギーの実現が目標とされたようであり、電力会社の資本市場における競争や経営革新という観点は欠如したものになってきた。

グリーンエネルギーの実現のために、大手電力を排除する必要があったのか問題であろう。このような電力自由化は、電力の安定供給こそが至上命題ともいえるわが国の状況下で、本当に必要であったといえるのであろうか。

大手電力４社が、２０２３年3月に独占禁止法違反で厳しく摘発された。事業者向けの電力販売をめぐり大手４社が、顧客を奪い合わないように申し合わせるなどカルテルを結んでいたとして、公正取引委員会は、３社に対して合わせて１０００億円余りの課徴金の納付を命じた。そして、電力・ガス取引監視等委員会は、４社に対して報告徴収を行い、事実関係や再発防止策等を確認した上で、電気事業法に基づく対応について、電力の適正な取引の確保を図る観点から適切に検討する、との談話を公表した（２０２３年3月30日）。しかしながら、３社は、公正取引委員会の命令を不服として訴訟を提起する動きもあるようである（『時事通信ニュース』２０２３年4月28日）。

このことに関して、石井孝明「電力会社の不祥事、改革好機を自ら壊す大失敗」（国際環境経済研究所２０２３年3月30日）は、この電力会社のカルテル事件及び２０２３年に発覚した顧客情報不正閲覧問題を取り上げ、これら二つの事件は、いずれも一連の電力自由化が誘発した面があると指摘し、その自由化については「利益を得た人があまりいない電力自由化」とまとめて、次のように言う。すなわち、「２０２０年に完了した電力自由化は、現時点で日本の大半の人にとって利益になっていない。既存の大手電力会社が収益を確保できない。小売りに参入した新電力も、電力卸売価格の乱高下で経営が厳しくなっている。その結果、新規投資もサービスも生まれない。電力システムが脆弱化して停電の危険が増え、電気料金が上昇して、消費者も困っている」という。

しかし、同論文は、その自由化を受け入れた電力会社は、今になって法律やぶりは許されず、せっかく電力自由化への疑問が広がり、見直す好機なのに、電力会社自らが壊してしまった、と結論づけている。たしかに法律違反であればそうかもしれないが、はたして公正取引委員会は、安定供給義務を負わされたままの電力会社に、電力業界の自由な価格競争を前提とする厳しい規制を適用すること自体に疑問を感じなかったのか、不可思議ではある。

そして、同論文は、さらに次のように興味深い分析をしている。すなわち、「この一連のエネルギーシステム改革と電力全面自由化は、福島原発事故の影響だった。原子力事故の怒りが、なぜか東京電力と電力業界に向いた。電力会社の地域独占がけしからん、原発事故を起こした原因だという批判が、その是非を確かめずに、世論、メディア、当時政権与党だった民主党から吹き上がった。自らも批判を集めた経産省も、その全面自由化の要求を受け入れてしまった」というのである。

２－２　福島原発事故後のエネルギー政策の展開

資源エネルギー庁「エネルギー基本計画の概要」（２０２１年10月）は、東電福島原発事故を振り返って次のようにいう。以下は報告書の記述による。

東京電力福島第一原子力発電所事故後10年の歩みのポイント

●東京電力福島第一原子力発電所事故を含む東日本大震災から10年を迎え、東京電力福島第一原子力発電所事故の経験、反省と教訓を肝に銘じて取り組むことが、エネルギー政策の原点。

●２０２１年３月時点で２・２万人の被災者が、避難対象となっており、被災された方々の心の痛みにしっかりと向き合い、最後まで福島の復興・再生に全力で取り組むことは、これまで原子力を活用したエネルギー政策を進めてきた政府の責務。今後も原子力を活用し続ける上では、「安全神話」に陥って悲惨な事態を防ぐことができなかったという反省を一時たりとも忘れることなく、安全を最優先で考えていく。

●福島第一原発の廃炉は、福島復興の大前提だが、世界にも前例のない困難な事業。事業者任せにするのではなく、国が前面に立ち、２０４１～２０５１年までの廃止措置完了を目標に、国内外の叡智を結集し、不退転の決意を持って取り組む。

●ＡＬＰＳ処理水については、厳格な安全性の担保や政府一丸となって行う風評対策の徹底を前提に、東京電力が原子力規制委員会による認可を得た上で、２年程度後を目途に、福島第一原子力発電所において海洋放出を行う。

●帰還困難区域を除く全ての地域で避難指示を解除し、避難指示の対象人口・区域の面積は、当初と比較して7割減となった。たとえ長い年月を要するとしても、将来的に帰還困難区域の全てを避難指示解除し、復興・再生に責任を持って取り組むとの決意の下、特定復興再生拠点区域の避難指示解除に向けた環境整備を進める。特定復興再生拠点区域外についても、２０２０年代をかけて、帰還意向のある住民が帰還できるよう、帰還に関する意向を個別に丁寧に把握した上で、帰還に必要な箇所を除染し、避難指示解除の取組を進めていく。

●浜通り地域等の自立的な産業発展に向けて、事業・なりわいの再建と、福島イノベーション・コースト構想の具体化による新産業の創出を、引き続き車の両輪として進める。加えて、帰還促進と併せて、交流人口の拡大による域外消費の取込みも進める。福島新エネ社会構想の実現に向け、再生可能エネルギーと水素を二本柱とし、更なる導入拡大に加え、社会実装への展開に取り組んでいく。

●東京電力福島第一原子力発電所事故を経験した我が国としては、２０５０年カーボンニュートラルや２０３０年度の新たな削減目標の実現を目指すに際して、原子力については安全を最優先し、再生可能エネルギーの拡大を図る中で、可能な限り原発依存度を低減する。

以上に見た国のエネルギー基本計画においては、箇条書きされたところによると、福島原発の廃炉は、世界にも前例がない困難な作業であり、国が事業者任せにするのではなく、２０４１～２０５１年までの廃止措置完了を目標に不退転の決意を持って取り組む、という。国が取り組むのであるから、その費用は当然国の負担であるべきである。

また帰還困難地域の帰還に必要な除染を行い、避難指示解除の取組を進めるという。これは明らかに国の決意であり、その費用を東電に肩代わりさせてはならないと思われる。

これらと比較して、汚染水処理についての表現は微妙なところがあるように思われる。つまり厳格な安全性の担保や政府一丸となって行う風評対策の徹底を前提に、東電が原子力規制委員会の認可を得たうえで、ＡＬＰＳの海洋放出を行う、としていることが、そのような費用を国が責任を持つというメッセージが明らかにされていない。これも国のなすべき復興事業というべきである。

国は、原子力発電をこれからも継続することとしたが、今後も原子力発電の事故が起こらないと断言できるわけでもない。もしもの場合は、国がこのように責任を引き受けることを明言しないのであれば、原子力事業者である電力会社の経営者は、原子力発電の継続を株主に対して説明できなくなるのではないかと懸念される。

2－3 GX実現に向けた基本政策

ところで、閣議決定された「GX実現に向けた基本方針―今後10年を見据えたロードマップ」（経済産業省令和5年2月）は、原子力発電への回帰を視野に入れている。GX（グリーントランスフォーメーション）とは、温室効果ガスを発生させる化石燃料から太陽光発電などのクリーンエネルギー中心へと転換し、経済社会システム全体を変革しようとする取り組みをいう。

前記ロードマップは、「過去、幾度となく安定供給の危機に見舞われてきた我が国にとって、産業革命以来の化石エネルギー中心の産業構造・社会構造をクリーンエネルギー中心へ転換する、『グリーントランスフォーメーション』（以下「GX」〈Green Transformation〉という。）は、戦後における産業・エネルギー政策の大転換を意味するとして、「民間部門に蓄積された英知を活用し、世界各国のカーボンニュートラルの実現に貢献するとともに、脱炭素分野で新たな需要・市場を創出し、日本の産業競争力を再び強化することを通じて、経済成長を実現していく必要がある」という。

そして、「そのため、化石エネルギーへの過度な依存からの脱却を目指し、需要サイドにおける徹底した省エネルギー、製造業の燃料転換などを進めるとともに、供給サイドにおいては、足元の危機を乗り切るためにも再生可能エネルギー、原子力などエネルギー安全保障に寄与し、脱炭素効果の高い電源を最大限活用する。

福島復興はエネルギー政策を進める上での原点であることを踏まえ、東京電力福島第一原子力発電所の廃炉や帰還困難区域の避難指示解除、福島イノベーション・コースト構想による新産業の創出、事業・なりわいの再建など、最後まで福島の復興・再生に全力で取り組む。その上で、原子力の利用に当たっては、事故への反省と教訓を一時も忘れず、安全神話に陥ることなく安全性を最優先とすることが大前提となる」という。

福島原発事故後は、太陽光発電が重視され、原子力発電は廃炉にしていくという方向であったと思われるが、この報告書は、原子力発電の役割を再評価しているようである。岸田首相もその方針であることは後述する。

今後のわが国の方向

資源の乏しいわが国においては、電力の安定供給のために原子力発電の稼働が必要とならざるをえないようである。そうであるなら、福島原発事故を教訓として、あるいは最近のウクライナで見られた原子力発電所に対する攻撃の可能性にも備えて、原子力損害賠償法の改正が望まれる。まずは、天災や戦争によって原子力事故が発生した場合は、原子力事業者ではなく国が直接的に責任を負うことを明確に宣言し、さらには事故発生地域の復興に国が努めることを確約すべきである。

このような問題状況を『日本経済新聞』「原賠法見直し案の重い宿題」（２０１８年11月5日）は、的確に整理している。

すなわち、「原子力発電所の大事故に備えた原子力損害賠償法の改正案が国会に提出された。被災者の早期救済のため、国が仮払金を電力会社に貸す制度などを新設する。一方で、電力会社の賠償額に上限を設けない『無限責任』など、根幹の枠組みには手をつけなかった。

2011年の東京電力福島第一原発事故は、重大事故が現実に起きうることを示した。巨額の賠償や除染・廃炉費用を誰が負担するのか。事故を極力防ぐにはどうすべきか。これらにかかわる原賠法の改正は、重い宿題だ。

しかし、政府の改正案は重要な論点を先送りし、電力会社が事故に備えて用意する賠償金も据え置くとした。国会では原点に戻って審議を尽くすべきだ。とくに、国と電力会社の役割と責任を明確にする必要がある。

いまの原賠法は電力会社が過失の有無にかかわらず責任を負うことや、無限責任が基本だ。福島原発事故でも被災者への賠償は東電が負担している。一方で、国や他の電力会社が東電を支援する原子力損害賠償・廃炉等支援機構が設けられ、除染・廃炉費の一部は国が負っている。これらは急場しのぎの対応と言わざるを得ない。

原賠法のあり方を審議した原子力委員会の部会は無限責任を変えない理由として、国民感情への配慮や、電力会社の安全対策の動機づけにするためとした。

一方で、産業界には反対論が強い。電力自由化で電力会社間の競争が増している。無限責任のままでは原発の事業リスクを高め、安全対策や建て替えの資金調達にも支障をきたすという主張だ。

ドイツでは無限責任が原則だが、電力会社の能力を超えると国が保証する仕組みだ。重要なのは無限か有限かの形式論でなく、電力会社の能力を超えたときの国の責任を明確にしておくことだ。

原発の利用は国が政策を決めて電力会社が実行する『国策民営』で進めてきた。原発を安全に使い続けるうえで、この役割分担を改めて問い直す必要もあろう」と報じていた。

1　岸田首相の原子力発電についての声明

岸田首相は、アメリカ外遊の際に、資本市場のメッカであるニューヨーク証券取引所において、原子力発電についてスピーチを行っている。『原子力産業新聞』（２０２２年11月15日）は、原子力利用に一歩を踏み出した岸田政権として、ニューヨーク証券取引所における9月22日岸田首相のスピーチを引用して、その背景を説明している。スピーチとは、「ロシアの暴挙が引き起こしたエネルギー危機を踏まえ、原子力発電の問題に我々は正面から取り組む。10数基の原発の再稼働、新たな安全メカニズムを組み込んだ「次世代革新炉」の開発など集中的な専門的検討を指示した。専門家の意見を踏まえ、年末までに具体的な結論を出せるように検討を加速して行く」というものであった。同新聞によると、「敢えて米国の機関投資家、金融機関を前に原子力に関して踏み込んだ発言をしたのは、ウクライナ戦争により、日本のエネルギー調達が不安定化した上、化石燃料価格と円安が貿易収支の大幅な赤字化を招いているからだろう。……エネルギー供給不安定化の懸念に対して明確な戦略を示せなければ、日本への投資を呼び込むことはできない」という。

岸田首相の声明の背景――原子力事業者と自治体及び国の関係

以下の説明は、岸田首相の上記発言のベースとなったとみられる「日本のエネルギーの安定供給の再構築」というテーマの会議に基づく上記新聞記事の解説である。すなわち、『核燃料物質及び原子炉の規制に関する法律』（原子炉等規制法）によれば、規制委員会による設置基準を満たした原子力発電所の場合、稼働を決めるのは当該原子炉の設置者、即ち電力会社に他ならない。電力会社との間で安全協定を締結する立地自治体が稼働・停止に関して具体的な権限を持つとの報道も少なくないが、安全協定はあくまで紳士協定であって、法令上の拘束力を持つわけではない……立地自治体は運転停止を求めることはできるものの、決めるのはあくまで設置者たる東京電力なのだ。

もっとも、法令上の制度とは別に、これまで政治的な配慮が極めて重視されてきた。その結果、立地自治体の理解なくして原子力発電所の稼働は困難というのが通説になっている。また、例えば県知事は港湾や県道の使用に関しては権限を有するため、間接的に原子力発電所の運転に影響を及ぼすことも理屈の上では可能だ。結果として、立地県のみならず、市町村にも稼働・停止の実質的、みなし的権限があるこの慣行は、むしろ負い切れない責任を自治体に押し付けていると言えるかもしれない。

それもあって、岸田首相は「国が前面に立ってあらゆる対応を採る」と明言したのであろう。……特に、柏崎刈羽6－7号機は、夏、冬の需要期における電力安定供給の鍵を握ると共に、実質的に国家ファイナンスに依存した東京電力の経営を立て直す上での重要な条件に他ならない。再稼働に難色を示す新潟県に対し、国がどのような働きかけを行うのか、岸田政権の本気度を試す上で注目されるところだ」という。

東電を国有化した日本政府の資本市場における評価

福島原発事故の損害賠償責任を負わされている東京電力は、東京証券市場においてプライム企業として取引される上場会社である。その東京電力が、原発事故に遭遇すると、政府によってその支配権を強引に奪われ、しかも国は巨額の原子力損害賠償責任について何ら分担していない事実は、東電の投資家や株主に、あるいは資本市場にかかわる投資家たちに説明のつくことなのであろうか。

そればかりか、このような国の姿勢の下では、国内の他の電力会社が、はたして原子力発電の再稼働に動くかどうかが疑われることになろう。

岸田首相が、皮肉なことに、資本市場のメッカであるニューヨーク証券取引所でわが国の原子力発電について声明を発表したが、東電及び東電株主の財産権を平気で奪う国の首相の発言に、投資家たちは聞く耳をもってくれたのか甚だ疑問である。岸田首相の声明が、原子力発電の再稼働をするという日本の姿勢を本当に示すのであれば、福島原発事故における東電の責任を解放するような国の責任の明確化を図るべきである。首相のイニシアチブに期待したい。

2　国家に対する国民の責任追及

原子力損害賠償法により、東電に無過失責任があるにもかかわらず、被害者住民等訴訟では、原子力発電を推進してきた国の責任を求めている。典型例として、福島県宮城県茨城県栃木県の被災住民らが、人格権又は東電に対しては民法709条、国に対しては国賠法1条1項に基づき空間放射線量率の原状回復を求めるとともに、東電に対しては主位的に民法709条、710条、予備的に原賠法3条1項に基づき、国に対しては国賠法1条1項、民法710条に基づき平穏生活権侵害による慰謝料等の損害賠償請求を提起した。原審は、原状回復請求を不適法であると却下し、平穏生活侵害に基づく損害賠償請求については、東電に対する民法709条、710条による主位的請求を全部棄却した上で、予備的請求の原賠法3条1項に基づき東電に対する請求の一部を認容した。国に対する請求については、東電に対する認容額の2分の1の額を認容した。これらは不真正連帯債務の関係に立つ、として、国の責任を明確にさせている。

これらの判例は、原発事故は人災ではないことを理由に、最高裁判所によって逆転され、国の責任が否定されたことは前述した。しかしながら、天災であっても被害を受けた国民は、東電に対してだけでなく、国に対しても損害賠償を請求してきたことに留意すべきである。高裁が国の責任を認めた場合は、損害負担割合について裁判所によりまちまちであったが、東電に対する責任の二分の一ぐらいが相場になるかもしれない。また、東電と国の責任は、不真正連帯責任であるという判示が注目される。このように考える場合は、国の損害賠償責任は東電が払えないときだけだという考え方は否定されることになる。

このような判例の傾向からすると、国はどんなに少なくても原子力事業者の責任と同程度の責任は覚悟すべきである。原子力損害賠償法は、このような判例を参考にして、あるいは学説がつとに指摘しているように、一定額を超える損害賠償責任は国が引き受けることを明言する法改正が急務である。

3　国の「援助」等の財源問題

①「援助」等の義務

福島原発事故についていえば、東電が被害者に対する損害賠償責任を果たしてきており、東電は被害者の救済に努めてきたといえる。他方、国は、原子力損害賠償法上の東電への「援助」については、東電の損害賠償の資金繰りに資金を提供するだけであるといっても過言ではない。東電は、資金繰りは国から保証されるが、損害賠償責任を負い続けなければならず、企業活動も国から制約され、株主には配当金の支払いもできず、ゾンビ企業となっている。これは、国による東電及び東電株主に対する財産権の侵害である。

まず、国は、東電に対して「援助」の条件として自ら取得した支配権をすぐに返還すべきである。

最高裁判所判決を真摯に受け止めて、国は、人災説を撤回すべきである。人災であることから経営破綻企業の再生に用いられるスキームによる「援助」を行うことは、東電を世論のさらし者にしただけでなく、原子力損害賠償法が定める目的を踏みにじるものである。「援助」の名目によって東電を乗っ取った国は、東電株主に損害賠償責任を負担させ、事故後10年以上が経過しているのにいまだに株主への利益配当を認めていない。

たしかに、国は、援助のための財源が必要となることも事実である。しかも、原子力発電事故が生じると、それがもたらす問題は被害者に対する損害賠償だけで済まないことが明らかになってきた。汚染地区の住民に立ち入りを禁止し、そのための住居の提供、汚染を止めるための廃炉、汚染水を処理したＡＬＰＳの海洋放出などが必要となることである。これらはいずれも多額の財政支出を必要とすることとなる。これらの財政上の財源をどうするかが政権の課題となる。その課題に、国はいまだに答えを出していない。

②国民負担金による復興

国は、福島原発事故を含む大震災の復興のために、東日本大震災復興基本法を成立させ

たことは、特筆に値するように思われる。同法1条は、その目的を次のようにいう。すなわち、

「この法律は、東日本大震災が、その被害が甚大であり、かつ、その被災地域が広範にわたる等極めて大規模なものであるとともに、地震及び津波並びにこれらに伴う原子力発電施設の事故による複合的なものであるという点において我が国にとって未曾有の国難であることに鑑み、東日本大震災からの復興についての基本理念を定め、並びに現在および将来の国民が安心して豊かな生活を営むことができる経済社会の実現に向けて、東日本大震災からの復興のための資金の確保、復興特別区域制度の整備その他の基本となる事項を定めるとともに、東日本大震災復興対策本部の設置及び復興庁の設置に関する基本方針を定めること等により、東日本大震災からの復興の円滑かつ迅速な推進と活力ある日本の再生を図ることを目的とする」という。

この法律は財源の確保を掲げており、国は、福島復興対策のための税金負担を国民に求めた。具体的には、東日本大震災からの復興のための施策を実施するために必要な財源の

確保に関する特別措置法（平成23年法律第１１７号）により、所得税に２・１％の復興特別所得税が加算されることとなった。財務省「復興財源のための税制措置の具体的内容はどういったものですか」によると、復興特別法人税10％が、平成24年度から26年度まで加算される。復興特別所得税は、平成49年12月までの措置とされている。

これによって東日本大震災からの復興の財源が確保されたことは、大いに評価できよう。ところが、『ＮＨＫ　ＮＥＷＳ　ＷＥＢ』「防衛費増額に向けた財源確保法賛成多数で可決成立　参院本会議」（２０２３年6月16日）によると、「財務相〝復興財源の転用〟批判に『被災地の理解を求める』」との見出しで、「政府は、財源のうち歳出改革などで足りない部分については、所得税の納税額に新たに１％の付加税を課すことなどで確保する一方、東日本大震災からの復興予算にあてる「復興特別所得税」の税率を１％引き下げたうえで、課税期間を延長する方針です」と報じている。

たしかに東日本大震災の地震・津波・原発事故は、国難であり、おなじく国難に備える防衛についても、国民負担を求めるということは認めざるを得ないことであるように思われる。

しかしながら、福島原発事故関連では、損害賠償責任の主要財源を東電株主に求めていること自体が見直されるべきである。また、汚染地区の住民に立ち入りを禁止し、そのための住居の提供、汚染を止めるための廃炉、汚染水を処理したＡＬＰＳの海洋放出などが必要となるが、これらもこの復興財源によって国が行うべきであるから、復興税収入を防衛費に流用することは適切ではない。福島原発事故が天災に伴う原子力発電事故であるとするなら、これに対しては、東電株主の負担によってではなく、国民の復興税によって乗り越えていくしかないように思われる。

〈著者紹介〉
森田章（もりた あきら）
1949年生まれ。同志社高校卒業。神戸大学法学部卒業。1977年神戸大学大学院法学研究科修了（法学博士）。1978～79年米国イェール・ロー・スクール客員研究員。1991年から同志社大学教授。公認会計士試験委員、法制審議会会社法部会臨時委員、司法試験考査委員を歴任。現在は同志社大学名誉教授、弁護士法人三宅法律事務所客員弁護士。

電力《でんりょく》の自由化《じゆうか》と原子力発電《げんしりょくはつでん》

2023年12月22日　第1刷発行

著　者　　森田章
発行人　　久保田貴幸

発行元　　株式会社 幻冬舎メディアコンサルティング
〒151-0051　東京都渋谷区千駄ヶ谷4-9-7
電話　03-5411-6440（編集）

発売元　　株式会社 幻冬舎
〒151-0051　東京都渋谷区千駄ヶ谷4-9-7
電話　03-5411-6222（営業）

印刷・製本　中央精版印刷株式会社
装　丁　　加藤綾羽

検印廃止

Printed in Japan
ISBN 978-4-344-69007-3 C0036
幻冬舎メディアコンサルティングＨＰ
https://www.gentosha-mc.com/